国家科技基础资源调查专项资助

数值天气预报在灌溉预报中的应用

秦安振　任芝花　刘战东　段爱旺　著

黄河水利出版社
·郑州·

内 容 提 要

为了进一步推动数值天气预报在智慧灌溉预报方面的应用,本书选取了中国五大气候区14个气象站点2020~2022年的数值天气预报数据,设置不同的预报尺度,研究了1~56 d中长期数值天气预报在不同时间尺度的准确性,利用渐近曲线交叉法得出了预报精度较为合理的数值天气预报尺度。主要内容包括:气候区域与研究方法、中长期数值天气预报准确性分析、BP神经网络模型在ET_0预报中的应用、Prophet模型和ARIMA模型在ET_0预测中的应用、XGBoost模型和CatBoost模型在ET_0预测中的应用、基于信息熵的混合模型在ET_0预测中的应用、数值天气预报在灌溉预报中的应用等。

本书可供水利与农业科研院所研究人员、水利行业从业者、灌区管理人员及大专院校相关专业的研究生阅读参考。

图书在版编目(CIP)数据

数值天气预报在灌溉预报中的应用/秦安振等著
.—郑州:黄河水利出版社,2023. 10
ISBN 978-7-5509-3798-7

Ⅰ. ①数… Ⅱ. ①秦… Ⅲ. ①数值天气预报-应用-灌溉管理 Ⅳ. ①S274. 3

中国国家版本馆 CIP 数据核字(2023)第 235559 号

组稿编辑:王路平　电话:0371-66022212　E-mail:hhslwlp@ 126. com

责任编辑:王燕燕　责任校对:鲁　宁　封面设计:黄瑞宁　责任监制:常红昕

出版发行:黄河水利出版社　网址:www. yrcp. com　E-mail:hhslcbs@ 126. com

地址:河南省郑州市顺河路49号　邮政编码:450003

发行部电话:0371-66020550、66028024

承印单位:广东虎彩云印刷有限公司

开本:890 mm×1 240 mm　1/32　审图号:GSC202373095

印张:2. 5

字数:70 千字

版次:2023年10月第1版　印次:2023年10月第1次印刷

定价:30. 00 元

前言

数值天气预报(numerical weather prediction,NWP)是指在一定的初始值和边界值条件下,通过计算机模拟的方法,定量、客观地描述中长期气象演变过程的天气预报系统。中国气象局于1955年开始探索数值天气预报,1959年开始在计算机上开展数值天气预报工作,1969年实现了气象资料输入、填图、分析和预报输出的自动化。数值天气预报(NWP)通过动态降尺度模拟,能够以精细分辨率实现区域尺度的天气预报。其预报数值可广泛应用于气候模型、水文模型、作物蒸散量模型等。然而,数值天气预报仍有许多问题需要解决。由于大气运动的高度混沌状态,空气凝结、湍流和对流过程显著影响天气预报结果,使准确预报变得困难。由于各种数值问题,NWP模型不可避免地存在系统偏差。目前,研究人员已经开发了各种校正方法以减小偏差。校正NWP模型模拟的气温、辐射和相对湿度至关重要,因为其与作物蒸散量变化密切相关,对准确估算作物耗水量和灌溉量都非常关键。

农业是用水大户,用水量占世界水资源总使用量的65%。近年来,干旱和异常天气已成为农业生产的主要制约因素。研发高效节水灌溉是缓解未来干旱和粮食危机的必然途径。作物蒸散量的准确估算关系灌溉量的精确预报,是灌溉调度设计的基础,也是减轻极端天气事件对农业生产造成灾害的有效方法。参考作物蒸散量(ET_0)是实时灌溉预报的关键,也是揭示全球和区域农业气候变化、干旱灾害和生态环境监测的重要指标。

数值天气预报(NWP)包含气温、辐射和相对湿度等数据,这些参数已被广泛用作预测 ET_0 的输入参数。因此,使用NWP产品来准确

预测 ET_0 是实现高效灌溉系统的关键步骤。为此,本书使用 Penman-Monteith 模型验证了反向传播神经网络模型、时间序列模型、极限梯度提升树模型(XGBoost)、信息熵混合模型等在中长期 ET_0 预报中的准确性和可靠性,并应用于黄淮海地区夏玉米灌溉预报中。

本书具体撰写人员及分工如下:第一章、第四章、第五章由中国农业科学院农田灌溉研究所秦安振撰写,第二章、第三章由国家气象信息中心任芝花撰写,第六章、第七章由中国农业科学院农田灌溉研究所刘战东撰写,第八章由中国农业科学院农田灌溉研究所段爱旺撰写。

本书的完成与出版受到了科技部科技基础资源调查专项项目“全国主要农作物需耗水特征资料更新整编与补充调查”(项目编号:2022FY101600)的资助。

本书是一部将数值天气预报应用于灌溉预报的专业类书籍,介绍了人工神经网络模型、时间序列模型和极限梯度提升树模型等常用模型的原理与预报效果,主要面向有一定文化程度的科研院所相关研究人员、水利行业从业者、灌区管理人员以及相关专业的研究生。在编写过程中,得到了国家气象信息中心的大力支持和帮助,在此表示衷心的感谢!

由于作者水平有限,书中难免有不妥或疏漏之处,恳请广大读者不吝赐教指正。

作　者

2023 年 7 月

目 录

第一章

概 述

参考作物蒸散量(ET_0)是区域水循环的重要组成部分,准确估计ET_0对深入了解土壤-植被-大气系统中水分循环非常关键,对提高作物灌溉预报精度具有非常重要的意义。Penman-Monteith(PM)公式是联合国粮食及农业组织(FAO)推荐的ET_0经典计算方法,但由于需用到多种气象要素,在应用中常受到限制。实时灌溉预报需要获取未来几天内的ET_0,现阶段公共天气预报信息并不能完全提供PM公式所需的所有参数,未来气象数据对ET_0预测精度存在显著的影响,需要研究合适的ET_0预报模型来准确预测未来的作物需水量,从而指导区域的作物灌溉。

本书选取中国5个主要气候区的14个气象站点为研究对象,利用2020~2022年全年的数值天气预报(NWP)数据,将PM公式计算的历史ET_0作为参照,比较人工神经网络模型、时间序列(ARIMA)模型和基于信息熵的混合模型预测的参考作物的逐日蒸散量,评价NWP产品在不同气候区域和时间尺度主要预报指标(最高温度T_{max}、最低温度T_{min}及相对湿度)的预报精度,并分析对ET_0预报模型精度的影响,评价不同预报模型的性能,为农田综合灌溉决策提供理论与技术支撑。针对目前中国主要气象站点基于公共天气预报模型产品的ET_0预报模型精度偏低、预报期偏短等问题,本书以NWP的第二代月动力延伸预测模型产品为基础,利用不同模型,检验NWP气象预报因子与历史观测值在不同气候区和季节的匹配程度。主要研究内容包括:①通过均方根误差(RMSE)、相关系数、平均绝对误差(MAE)等评价指标,确定中长期天气预报信息的准确性和误差变异性;②以NWP气象参量为基础,分析不同预测模型预测 ET_0 的准确性和误差变异性;③确定最优 ET_0 估算时间尺度及季节和区域变异性。本书的创新点在于,较以往 7~15 d 的预报期限,研究采用了 1~56 d 预报期,并分析 1~56 d 的预报期内最高气温 T_{max}、最低气温 T_{min}、平均气温 T_{mean}、相对湿度 RH 等气象指标的预测精度,采用遗传算法(GA)、信息熵权重法等对预测模型进行优化,结果表明预测精度较之前的预测模型有较大幅度的提高。本书通过基于数值天气预报的 ET_0 预报模型研究及其在灌溉预报中的应用,将在基于数值天气预报的灌溉预报模型领域提供重要参考。

第一节　数值天气预报的准确性研究进展

识别 NWP 可靠的预报尺度是进行其他预报的第一步。识别工作将有助于 NWP 在各个预报领域的应用。本书采用的第二代月动力延伸预测模型产品能够提供 1~56 d 主要气象参数的预报数据。以往文献通常采用经验方法来确定可靠的预测尺度。国内外学者通常选择 1~3 d、1~7 d、1~9 d 或 1~15 d 的天气预报范围进行应用。然而,目前没有明确的方法证明上述依赖于经验的预测范围是最佳的尺度。一般来说,NWP 预报的误差会随着预测期延长而增大。人们普遍认为,只有在保证了一定置信度的情况下,预测才有价值。理想情况下,可靠的预测范围应为预测误差较小且与真实值更接近的预测范围。

近年来,NWP 产品在气候变化和 ET_0 预测方面取得了较大进展。较公共天气预报相比,NWP 数据集更完整、预报期更长。但 NWP 的前期处理比较复杂,需要对气象要素之间复杂的非线性关系进行简化,并进行偏差校正,为进一步推广应用带来难度。在 NWP 基础上进行后处理,构建预报数据集有助于简化其复杂度。近年来,学者们不断尝试使用数值天气预报产品进行 ET_0 的预测。赵清等利用支持向量机(SVM)对三江平原水稻需水量进行预测,认为 SVM 具有较高的模型拟合和预测精度,可用于灌溉预报。Luo 等使用 1~7 d 公共天气预报和 Hargreaves 模型进行了 ET_0 预报,其均方根误差(RMSE)为 0.87 mm/d,相关系数达 0.86。Yang 等比较了公共天气预报和数值天气预

报在中国不同气候区 ET_0 预报的表现，得出 NWP 的 RMSE 为 0.95～0.99 mm/d，平均绝对误差(MAE)为 0.67～0.70 mm/d，表明 NWP 结合后处理方法比公共天气预报的精度更高。NWP 基于流体动力学方程通过概率的方法描述大气运动，但初始条件的偏差可能造成天气预报失灵。因此，预报的结果需要对逐个变量和逐个站点进行检查，对 NWP 的网格值进行偏差校正或后处理。Medina 等采用欧洲中尺度天气预报系统(EC)和全球集合预报系统(GEFS)集合预报的方法来改进单个 NWP 模型预报能力的不足。

目前，基于 NWP 的 ET_0 预报期多在 7 d 以内，从灌溉决策的角度，迫切需要预报期在 15 d 以上的可靠方法。以往研究多为基于单一气候区域和单气象要素的偏差校正，但 NWP 输出气象因子的预报结果与相应观测值是否匹配及其区域间的差异尚不明确。因此，本书以全球中期数值预报模型系统产品和第二代月动力延伸预测模型产品为基础，基于支持向量机回归(SVR)模型和反向传播神经网络模型(BP 神经网络模型)，检验 NWP 气象预报因子与相应观测值在不同气候区域的匹配程度。在已发表的文献中，置信预测范围因气候和季节而异。例如，Pattanaik 等的报告指出，印度西南季风气候条件下的中期预测(7～14 d)的可靠性高于其他气候类型。在中国青藏高原的研究也证实了季节和气候类型对天气预报性能的显著影响。在数值天气预报产品中，气温(T_a)和相对湿度(RH)一般以数值的方式进行预报。上述参数也被视为 ET_0 预测的常见因子。目前，已经开发了大量基于湿度的经验模型，如 Hargreaves-Samani(HS)模型；也有基于湿度和辐射的模型，如 FAO-56 PM 模型。数值预报值可直接代入模型进行计算。然而，这会带来一个问题，即预测误差会传导到模型输出造成二级误差。因此，在应用数值预报数据之前，确定可靠的预报尺度至关重要。

然而，只有少数几种方法被用于确定合适的预测尺度。例如，在美国伊利诺伊州，从具有凹型效益函数的确定性优化模型中，研究人员推导出了可靠的河流流量预测期。在中国东北浑河流域，应用贝叶斯随机动态规划模型，研究人员分析了 1～30 d 预报期内河流流量的预测值。结果表明,模型的可靠性在 10 d 预报期内是可以接受的。在伊朗中部,Zanjan 等以 NWP 数据为输入数据,使用小波-高斯过程回归模型预测了未来 1~30 d 的 ET_0,并得出结论,在 RMSE 小于 0.25 mm/d 的情况下,1~14 d 的预测精度是可靠的,而当预测尺度增加超过 14 d 时,预测精度显著降低。在中国东南部,Liu 等提出了采用自适应预测模型对 1~16 d 的风电功率进行预测,他们认为,预测误差随着预报期的增加而增大。虽然这些研究为确定可靠预报尺度提供了参考方法,但上述数据大多符合正态分布规律,对不具有正态分布特性的长期 NWP 数据的可靠预报尺度的确定来说,不太具有参考性。本书提出了一种 NWP 可靠预报尺度的定义方法,即可靠预报尺度内的预报数据既要与真实值有较高的相关系数,又要达到较低的均方根误差和平均绝对误差,符合两者条件的预报尺度即为可靠的预报范围。我们认为,NWP 预测误差随预报期的增加而显著增大,相关系数随预报期的增加而显著减小,则两条拟合曲线必然存在一个交叉点可满足高相关系数和低误差的需求,交叉点所对应的天数即为合理的预报尺度范围。然而,截至目前,还没有学者提出 NWP 预测指标与预测期之间的关系。通过回归分析,本书拟使用渐近曲线来确定 1~56 d 数值天气预报的可靠预报尺度。

第二节　反向传播网络模型研究进展

人工神经网络具有极强的非线性拟合能力,常用于预测未来 ET_0 并进行灌溉预报。ET_0 的计算主要有两种方法:直接法和间接法。直接法包括 BP 神经网络模型、支持向量机器学习模型和极度梯度提升树模型(XGBoost)等。间接法则使用 FAO-56 PM 模型、Hargreaves 模型或 Blaney-Cridle 方程等间接计算 ET_0。上述方法可根据未来时段的天气预测数值来预测 ET_0。数值天气预报产品提供未来 1~56 d 的温度、相对湿度和太阳辐射等相关天气参数,是 ET_0 预报的重要信息来源。

BP 神经网络模型因其结构简单、易于实现而成为最常用的神经网

络模型之一。一些研究已经采用 BP 神经网络模型来预测 ET_0。在美国佛罗里达州,利用 BP 神经网络模型对大陆性气候条件下的区域 ET_0 进行了预测,结果与实测 ET_0 具有较好的一致性。在印度东南部,BP 神经网络模型的准确性在亚热带季风气候中得到了验证,并在 ET_0 预测中被证明是有效的。然而,BP 神经网络模型存在容易陷入局部最优解的缺点。一些学者发现,BP 神经网络模型容易产生局部极值,对不同气候位置的适用性较低。由于 BP 神经网络模型对辐射和温度的敏感性不同,因此在季风高原估算 ET_0 的精度低于亚热带气候。此外,BP 神经网络模型在冬季 ET_0 估算中的偏差大于夏季。不同气候区 ET_0 估算的不确定性可能是由于在热带地区风速缓慢,而在山地高原地区风速较大。Zhang 等发现,与支持向量机回归(SVR)模型相比,仅使用温度数据的 BP 神经网络模型提高了华北平原的 RMSE 和 MAE。

近年来,为了提高神经网络的性能,人们提出了各种优化算法。遗传算法(GA)是一种模拟种群生物遗传特性的优化算法,用于寻找最佳个体作为神经网络的最优权值和阈值。遗传算法具有利用有限数据优化学习机模型的能力。在韩国,研究人员对遗传算法优化的神经网络模型预测的日 ET_0 进行了评估,发现遗传算法能够根据有限的天气数据估计每日 ET_0。在中国西南地区,Liu 等(2022)评估了极限学习机(ELM)、前馈神经网络、基于遗传算法优化极限学习机 GA-ELM 和 ET_0 经验模型的性能,发现 GA-ELM 使用 T_{max}、T_{min} 和大气顶层辐射(R_a)数据预测每日 ET_0 的精度最高。在中国江淮流域,GABP 神经网络模型对 ET_0 预测的精度也高于相同参数输入组合下的经验模型。

第三节　时间序列模型研究进展

许多方法被用于预测短期、中期或长期的 ET_0,主要分为三类:物理模型、数据驱动模型和混合模型。物理模型利用大气运动方程和天气特征预测 ET_0。例如,数值天气预报(NWP)系统被用于 ET_0 预测。数据驱动模型利用大量数据(如历史 ET_0 数据、气象数据和 NWP 测量)来训练预测 ET_0 的映射函数。传统的方法使用时间序列进行 ET_0

预测,如 ET_0 预测中的自回归移动平均模型。

目前,短期 ET_0 预测方法主要是数据驱动模型,也称为统计模型。这些方法通常利用历史数据的统计特征和机器学习算法来训练和构建模型,如自回归移动平均模型、K 近邻(KNN)、人工神经网络(ANN)、支持向量机(SVM)、极限学习机(ELM)等。例如,Kanna 和 Singh 等引入了数据驱动的模型用于短期 ET_0 预测。所有这些模型都可以在短期预测中获得高精度,但它们的不足之处也很明显,因为残差是随着预测的进行而累积的。2017 年,Taylor 和 Letham 首次提出了一种时间序列预测算法——Prophet 模型,主要研究时间序列数据的特征和变化,并预测未来 ET_0 趋势。

Prophet 模型可以拟合具有周期性、季节性和假日效应的数据中的非线性趋势,使其非常适合具有时间突变特征和强季节效应的序列。与长短期记忆神经网络(LSTM)等经典时间序列预测模型相比,Prophet 模型具有完整的统计理论支持,计算更简单、更快。然而,与先进的机器学习算法相比,Prophet 模型作为一种时间序列分析工具,无法利用更多的信息,故迫切需要找到一种融合方法。由于 NWP 模型的计算规模较大,物理模型更适合于长期预测,而不是局部预测,统计模型在短期预测中具有高精度,但在长期预测中误差会累积,因此近年来提出了混合模型,以聚合前两者的优势。

第四节 极限梯度提升树模型研究进展

目前,ET_0 预测研究主要采用历史数据建模的方法。与机制模型相比,基于非机制模型的历史数据分析可以不考虑事物内部规律的复杂性,利用现有数据建立模型预测,大大减少了计算量,应用范围更广。例如,王振波等收集了 2014 年中国 945 个监测站的气象数据,并利用空间统计模型对时空分布进行了定量分析,得出了中国平均温度、湿度的时空分布格局。近年来,由于计算机技术的发展,国内外 NWP 研究领域出现了许多预测 ET_0 的新方法,如遗传优化法和多种方法的耦合模型。Kaminska 等基于随机森林的综合数据挖掘方法,发现了与 ET_0

变化具有线性关系的特征，建立了线性回归模型，有效地实现了 ET_0 预测。2020 年，康俊峰等首次使用六种机器学习模型预测 ET_0，并比较分析了不同机器学习模型用于 ET_0 预测的准确性，结果表明，在六个模型中，极限梯度提升树模型（XGBoost）表现最为出色和稳定。

XGBoost 是一个大规模的并行提升树工具，也是目前最快、最好的开源提升树算法工具包。然而，当作为树模型应用于非平稳时间序列时，它无法在数学上进行外推，也无法识别序列中的时间信息，这对其使用造成了重大限制。ET_0 季节变化是一个典型的非平稳时间序列，在不同季节变化很大。一般来说，春夏季的 ET_0 会明显高于其他季节，并会出现一定的周末效应和节假日效应。它是一个复杂的非线性系统。尽管 XGBoost 具有出色的机器学习能力，但它无法很好地识别数据中的时间序列特征。

第五节 信息熵混合模型研究进展

目前，现有的 ET_0 预测模型可以分为物理模型、统计模型、神经网络模型和混合模型。物理模型结合了许多物理因素，如日照时数、辐射和温度，它需要丰富的气象数据支撑。数值天气预报是一种典型的物理模型。物理模型对长期 ET_0 预测是有效和准确的，但对短期预测来说计算量过大且成本高昂。与物理模型相比，统计模型结构简单，计算速度快，有广泛使用的线性模型，如自回归模型、自回归移动平均模型、差分自回归移动平均模型（ARIMA）和贝叶斯模型。统计模型对 ET_0 序列的线性部分具有更好的预测结果，然而实际 ET_0 序列通常表现出突出的非线性和非光滑特性，统计模型可能获得不理想的预测结果。基于人工智能的模型可以很好地利用人工智能捕捉数据非线性特征。例如，在以往的研究中，有学者使用 BP 神经网络模型、SVR 模型和模糊神经网络模型进行 ET_0 预测并取得了良好的结果。然而，这些模型可能存在收敛速度慢等问题，并倾向于陷入局部最小化。与单一模型相比，混合模型可以准确地提取数据中的抽象特征。因此，为了进一步提高预测模型的预测能力，混合模型已成为 ET_0 预测模型的一种发展趋势。混合模型结合了多种预测技术的不同优势，可以仔细探索 ET_0 数据中的特征，有效确保预测精度。

混合 ET_0 预测模型大致可分为以下三种类型：

(1)基于信号分解的混合模型。使用先进的信号分解技术将 ET_0 序列分解为一系列规则的子序列，以及平滑数据的非线性部分。Ren 等证明，与基于经验模态分解的模型相比，基于完全集成经验模态分解的模型总是表现最好。除经验模态分解及其变体外，小波变换和变分模态分解也是 ET_0 时间序列中常见的信号分解技术。

(2)基于权重分配的混合模型。这种混合模型通常使用多个模型来预测 ET_0，并为每个模型分配适当的权重。最终预测值是从每个模型的预测值的加权组合中获得的。为了减轻混合模型多重共线性的不利影响，Jiang 等使用非线性系统辨别(GMDH)自动识别三个非线性模型的权重。结果表明，与广泛使用的等权重方案相比，GMDH 的应用可以显著提高预测能力。Altan 等使用遗传优化算法对每个固有模态函数分量(intrinsic model function，IMF)的权重进行优化，以创建最佳预测模型。Nie 等提出了一种基于多目标优化算法的权重组合机制，进一步提高了模型的预测精度和预测能力。

(3)基于优化算法的混合模型。该模型引入了一些启发式优化算法来优化模型的超参数、权重、网络结构或阈值。Liu 等利用 Jaya 对支持向量机的超参数进行了优化，提高了支持向量机回归性能，有效提高了预测精度。Tian 等利用粒子群算法对各预测模型的权重系数进行了优化，结果证明了权重系数优化策略的必要性。有研究表明，利用遗传算法对 LSTM 的内部参数进行优化，可以提高模型的预测效率和预测精度。Huang 等使用改进的贝叶斯优化算法对预测模型的超参数进行了优化，获得了更令人满意的预测精度和计算成本。

第二章

气候区域与研究方法

第一节　站点选择与数据来源

根据温度、降水量、辐射量、海拔等因素，将中国划分为五个大的气候区，即高原山地气候区（MP）、温带大陆性气候区（TC）、温带季风气候区（TM）、亚热带季风气候区（STM）和热带季风气候区（TPM）（见图 2-1）。在上述五个气候区选择了 14 个代表性气象站点，其中高原

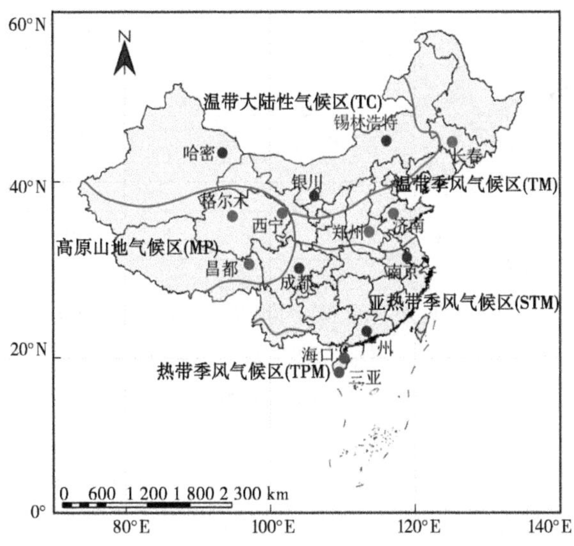

图 2-1　中国主要气候区与气象站点选择

山地气候区 3 个站点、温带大陆性气候区 3 个站点、温带季风气候区 3 个站点、亚热带季风气候区 3 个站点、热带季风气候区 2 个站点(见表 2-1)。

表 2-1　五种气候区 14 个站点分布

序号	气候类型	站点编号	站点名称	纬度	经度	海拔/m
1	高原山地气候区	52818	格尔木	36°25′N	94°55′E	2 807.6
2	高原山地气候区	52866	西宁	36°44′N	101°45′E	2 295.2
3	高原山地气候区	56137	昌都	31°09′N	97°10′E	3 315.0
4	温带大陆性气候区	52203	哈密	42°49′N	93°31′E	737.2
5	温带大陆性气候区	54102	锡林浩特	43°57′N	116°07′E	1 003.0
6	温带大陆性气候区	53614	银川	38°28′N	106°12′E	1 110.9
7	温带季风气候区	54823	济南	36°36′N	117°00′E	170.3
8	温带季风气候区	54161	长春	43°54′N	125°13′E	236.8
9	温带季风气候区	57083	郑州	34°43′N	113°39′E	110.4
10	亚热带季风气候区	59287	广州	23°13′N	113°29′E	70.7
11	亚热带季风气候区	58238	南京	31°56′N	118°54′E	35.2
12	亚热带季风气候区	57516	成都	29°35′N	106°28′E	259.1
13	热带季风气候区	59758	海口	20°03′N	110°35′E	18.0
14	热带季风气候区	59948	三亚	18°14′N	109°31′E	7.1

数值天气预报数据来自全球中期数值预报模型系统产品(空间分辨率 0.25°×0.25°)和第二代月动力延伸预测模型产品(空间分辨率 1°×1°),预报时效为从起报时刻起未来 56 d。不同时间尺度选择 1~4 d、1~8 d、1~16 d、1~32 d 和 1~56 d;数据包括未来 1~56 d 的 2 m 最高气温和最低气温、向下短波辐射、比湿度、U 和 V 方向(U 代表曲线方向、V 代表曲面方向)风速,时间分辨率为 3 h,其中比湿度转换为相对湿度,U 和 V 方向风速经加权平均获得平均风速。数据集数据分为两部分:2020~2021 年数据用于模型建模(训练),2022 年数据用于检

验模型。

第二节　基于温度和辐射的 ET_0 估算模型

参考作物蒸散量（ET_0）是水文过程中的主要因素，也是计算作物需水量的先决条件，是指导作物灌溉的重要依据，也是进行灌溉预报的重要参考值。估算作物耗水量（ET_c），通常使用 $ET_c = K_c \times ET_0$ 的方法进行。K_c 的估算有特定的方法，这里主要讨论 ET_0 的估算问题。近年来，ET_0 的模型估算由于其低成本和可接受的精度而成为获得 ET_0 的主要方法。考虑到太阳辐射和空气动力学因素，FAO-56 PM 模型一直是计算 ET_0 的参考方法。然而，在许多发展中国家，获取完整的气象数据集（气温、太阳辐射、日照时数、风速和蒸气压等）并不那么容易，这使 PM 模型在许多国家的应用受到限制。辐射和温度数据是气象站获得的最常见的气象数据。许多研究还报道，辐射和温度是与 ET_0 最相关的因素。如何利用较少的数据有效地获得更高精度的 ET_0 估算模型一直是亟待解决的问题。ET_0 估算模型主要分为两类：经验模型和机器学习模型。经验模型是针对特定地点的，需要针对不同地点进行修改。本节主要介绍基于经验的间接方法，如 Hargreaves 模型、Blaney-Cridle 方程和 FAO-56 PM 模型等。这些经验模型可以根据数值天气预报模型提供的温度、相对湿度和太阳辐射等相关天气变量作为输入项，用来直接计算未来时段的 ET_0 变化过程。

一、FAO-56 PM 模型（综合型）

PM 公式是 FAO 推荐用于估算参考作物蒸散量的标准，计算公式为

$$ET_0 = ET_{rad} + ET_{aero} = \frac{0.408\Delta(R_n - G)}{\Delta + \gamma(1 + 0.34u_2)} + \frac{\gamma \dfrac{900}{T + 273}u_2(e_s - e_a)}{\Delta + \gamma(1 + 0.34u_2)} \tag{2-1}$$

式中：ET_0 为日参考作物蒸散量，mm/d；ET_{rad} 为辐射项，mm/d；ET_{aero} 为

空气动力学项,mm/d;R_n 为净辐射量,MJ/(m^2·d);G 为土壤热通量,MJ/(m^2·d),取 0;Δ 为饱和水汽压与温度关系曲线的斜率,kPa/℃;γ 为干湿表常数,kPa/℃,取 0.066 kPa/℃;T 为空气日平均温度,℃;u_2 为地面以上 2 m 高处风速,m/s;e_s 为空气饱和水汽压,kPa;e_a 为空气实际水汽压,kPa。

二、HS 模型(温度型)

HS 模型由于精度较高且仅需要输入温度和大气顶层辐射数据,在世界范围内得到了广泛的应用和验证,是目前最为常用的 ET_0 估算经验模型。HS 模型的表达式如下:

$$ET_{0-HS} = 0.408\alpha(T_{max} - T_{min})^{\beta}\left(\frac{T_{max} + T_{min}}{2} + c\right)R_a \qquad (2\text{-}2)$$

式中:ET_{0-HS} 为 HS 模型估算的 ET_0,mm/d; T_{max} 和 T_{min} 分别为日最高气温和日最低气温,℃;R_a 为大气顶层辐射,MJ/(m^2·d);α、β、c 为经验系数,推荐值分别为 0.002 3、0.5 和 17.8。

三、改进的 Hargreaves 模型(温度型)

胡庆芳等基于优化算法对全国不同分区的 HS 模型参数进行了校正,改进的模型为 HSM3 模型,基本公式为

$$ET_0 = 0.001 \times R_a(T_{max} - T_{min})^{0.660}\left(\frac{T_{max} + T_{min}}{2} + 34.5\right) \qquad (2\text{-}3)$$

式中:ET_0 为参考作物蒸散量,mm/d;T_{max} 和 T_{min} 分别为日最高气温和日最低气温,℃;R_a 为大气顶层辐射,MJ /(m^2·d)。

四、基于贝叶斯原理改进的 Hargreaves 模型(温度型)

李晨等基于贝叶斯原理对川中丘陵区 HS 模型参数进行了修正,改进的模型为 HSM5 模型,基本公式为

$$ET_0 = 0.002\,39 \times R_a(T_{max} - T_{min})^{0.129}\left(\frac{T_{max} + T_{min}}{2} + 17.794\right) \qquad (2\text{-}4)$$

式中：ET_0 为参考作物蒸散量，mm/d；T_{max} 和 T_{min} 分别为日最高和最低温度，℃；R_a 为大气顶层辐射，MJ /(m^2 · d)。

五、McCloud 模型(温度型)

McCloud 模型是在美国佛罗里达州推导建立的 ET_0 温度法模型，仅需输入平均气温数据。McCloud 模型的表达式如下：

$$ET_{0-MC} = K \cdot W^{1.8T_{mean}} \tag{2-5}$$

式中：ET_{0-MC} 为 McCloud 模型估算的 ET_0，mm/d；T_{mean} 为日平均气温，℃；K、W 为经验系数，分别为 0.254 和 1.07。

六、Irmark-Allen 模型(温度-辐射型)

Irmark-Allen 模型的表达式如下：

$$ET_0 = -0.611 + 0.149R_s + 0.079T_{mean} \tag{2-6}$$

式中：ET_0 为参考作物蒸散量，mm/d；T_{mean} 为日平均气温，℃；R_s 为太阳辐射，MJ/(m^2 · d)。

七、Makkink 模型(温度-辐射型)

Makkink 模型的表达式如下：

$$ET_0 = 0.61 \frac{\Delta}{\lambda(\Delta + \gamma)} R_s - 0.12 \tag{2-7}$$

式中：ET_0 为参考作物蒸散量，mm/d；Δ 为饱和水汽压与温度关系曲线的斜率，kPa/℃；R_s 为太阳辐射，MJ/(m^2 · d)；λ 为蒸发潜热，MJ/kg；γ 为干湿表常数，kPa/℃；

八、Priestley-Taylor 模型(温度-辐射型)

Priestley-Taylor 模型是 Priestley 和 Taylor 对 PM 公式的修正式，以平衡蒸发为基础，引入常数，导出的估算无平流条件下蒸发量的模型。Priestley-Taylor 模型的表达式如下：

$$ET_0 = 1.26 \frac{\Delta}{\lambda(\Delta + \gamma)} (R_n - G) \tag{2-8}$$

式中：ET_0 为参考作物蒸散量，mm/d；Δ 为饱和水汽压与温度关系曲线的斜率，kPa/℃；R_n 为地表净辐射量，MJ/(m^2·d)；λ 为蒸发潜热，MJ/kg；γ 为干湿表常数，kPa/℃；G 为土壤热通量，MJ/(m^2·d)。

由于 G 远小于 R_n，可以忽略土壤热通量，简化公式得

$$ET_0 = 1.26\frac{\Delta}{\lambda(\Delta + \gamma)}R_n \tag{2-9}$$

饱和水汽压与温度关系曲线斜率 Δ(kPa/℃)的计算公式为

$$\Delta = \frac{4.098e_a}{(T + 237.3)^2} \tag{2-10}$$

$$e_a = 6.108e^{17.27T/(T+237.3)} \tag{2-11}$$

式中：e_a 为饱和水汽压，kPa；T 为平均温度，℃。

综上可以看出，当前除 PM 模型外的替代型 ET_0 估算模型以温度型和温度-辐射型为主。仅基于温度型的模型有 HS 模型、改进的 Hargreaves 模型、基于贝叶斯原理改进的 Hargreaves 模型和 McCloud 模型。如果辐射数据难以获取，可以考虑基于日照时数的辐射估算来解决参数不够的问题。

第三节　BP 神经网络模型介绍

BP 神经网络是一种非线性的自适应学习系统，根据 Kolmogorov 定理，1 个 3 层的神经网络模型可以逼近任意非线性连续函数。针对 ET_0 非线性的复杂规律特点，利用 BP 神经网络具有良好的逼近性能，且结构简单、性能优良及自适应性的特点，可建立不同区域和季节 ET_0 预报模型。基于 BP 神经网络的 ET_0 预报模型如图 2-2 所示。

遗传算法将生物进化过程用很抽象的方式来表达，其过程包括复制、交叉和变异三个算子。每进行一次迭代，就会有一组解答。其基本思路是以待优化问题的目标函数为依据，为此设计出对应的适应度函数，给优化问题中的各种参数编码形成初始种群。如此循环下去，在经过多次迭代进化后，找出最适应的个体为最优解。

遗传算法将待优化问题的解当作染色体，一个解就是一个染色体，

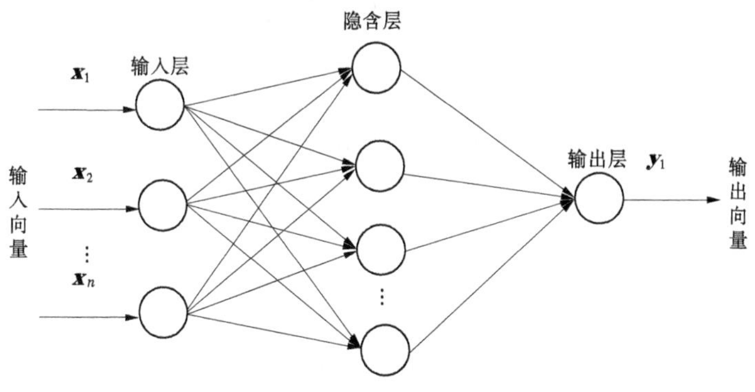

图 2-2　基于 BP 神经网络的 ET_0 预报模型

染色体上布满了离散的基因。遗传算法操作在编码之后,即在操作平台的编码空间内,然而若要选择或者评价个体,就应该在解空间内。遗传算法运算时,一直在编码空间和解空间两者之间交替完成。随后进行种群初始化、适应度函数设计、选择策略等一系列遗传操作。遗传操作可分为交叉运算和变异运算。利用遗传算法的优势,与神经网络组合,不但可以使神经网络发挥出更好的泛化能力,还可以弥补很多的缺陷,如收敛速度不快的问题。遗传神经网络的目的就在于优化权值和阈值。

第四节　时间序列模型介绍

一、Prophet 模型

Prophet 时间序列常可拆分成趋势、季节、节假日,分别对三种成分进行拟合,根据数据特点,求和(加法模型)或求积(乘法模型)得到最终预测值。特殊情形下,根据需要可在模型中加入其他回归项,以进一步提高模型拟合精度。Prophet 加法模型的一般构成形式为

$$y(t) = g(t) + s(t) + h(t) + r(t) + \varepsilon_t \tag{2-12}$$

式中:$y(t)$ 为最终预测值;$g(t)$ 为趋势成分项;$s(t)$ 为季节成分项;$h(t)$

为节假日成分项；$r(t)$为其他回归项；ε_t 为残差项。

二、ARIMA 模型

ARIMA 模型是时间序列预测方法的一种，又称整合自回归移动平均模型，简记为 ARIMA(p,d,q)模型，表达式为

$$y_i = \theta_0 + \varphi_1 y_{t-1} + \varphi_2 y_{t-2} + \cdots + \varphi_p y_{t-p} + \varepsilon_t - \theta_1 \varepsilon_{t-1} - \theta_2 \varepsilon_{t-2} - \cdots - \theta_q \varepsilon_{t-q} \tag{2-13}$$

式中：$\varphi_i(i=1,2,\cdots,p)$为自由回归项（AR）的系数；$\theta_i(\theta=1,2,\cdots,q)$为滑动平均项（MA）的系数；$p$ 为预测模型的时间滞后数；d 为时序数据进行差分化的程度；q 为预测模型的阶数；t 为时刻。

第五节　梯度提升决策树模型介绍

极限梯度提升树模型（XGBoost）是由 Chen 和 Guestrin 于 2016 年提出的一个梯度增强机（GBMs）的新型算法。XGBoost 模型旨在防止过度拟合，同时通过简化和正则化使预测保持最佳计算效率而降低计算成本。XGBoost 算法源于“提升”的概念，它结合了一组弱学习者的所有预测，通过特殊训练培养强学习者。其计算公式为

$$f_i^{(t)} = \sum_{k=1}^{t} f_k(x_i) = f_i^{(t-1)} + f_t(x_i) \tag{2-14}$$

式中：$f_t(x_i)$为步骤 t 的学习者；$f_i^{(t)}$ 和 $f_i^{(t-1)}$ 为步骤 t 和 $t-1$；x_i 为输入变量。

CatBoost 模型是一种新的基于梯度提升决策树（GBDT）算法。它成功地处理了分类特征，并利用训练过程对分类特征进行处理，而不是预处理。该算法的另一个优点是它在选择树结构时用新模型计算叶值，这有助于减少过度拟合并允许使用整个训练数据集，即对每个示例数据集进行随机排列并计算该示例的平均值。该方法对于回归任务，需要将获取的数据平均值用于先验计算。

令 $\boldsymbol{\theta}=[\sigma_1,\sigma_2,\cdots,\sigma_n]_n^{\mathrm{T}}$ 为置换，然后用下式计算：

$$x_{\sigma_p,k}=\frac{\sum_{j=1}^{p-1}[x_{\sigma_j,k}+x_{\sigma_p,k}]Y_{\sigma_j}+\beta P}{\sum_{j=1}^{p-1}[x_{\sigma_j,k}+x_{\sigma_p,k}]+\beta} \tag{2-15}$$

式中:P 为先验值;β 为先验值的权重。

第六节　基于信息熵的混合模型介绍

一、组合预测模型构建

假设一个组合预测模型中,有 m 个不同的单项预测模型,y_t 是在 t 时刻的组合预测值,ω_{it} 是在 t 时刻第 i 个模型的权重,y_{it} 为第 i 种单项预测模型在 t 时刻的预测值,则组合预测模型为

$$y_t=\sum_{i=1}^{m}(\omega_{it}y_{it})\quad\left(\sum_{i=1}^{m}\omega_{it}=1\right) \tag{2-16}$$

二、权重的确定

(一)基于方差倒数的方法

方差倒数法是指利用各单项预测模型的误差平方和的倒数在整个误差平方和倒数中所占的比重来确定权重,这种方法既保证了权值的非负性,又赋予了预测精度高的单项模型较大的权重,可以很好地提高预测精度。

$$e_i=(y_t-\hat{y}_i)^2 \tag{2-17}$$

式中:e_i 为第 i 种单项预测模型的预测误差平方。

样本内第 i 种单项预测模型在组合模型中的权重为

$$\omega_{it}=\frac{e_i^{-1}}{\sum_{i=1}^{m}e_i^{-1}} \tag{2-18}$$

(二)基于信息熵的方法

历史数据的有效性是影响预测精度的一个重要方面。筛选与预测

日情况较为相似的相似日,从而使历史数据的价值大大提升。筛选历史数据也是确定组合预测模型权重的重要依据。本书考虑特征量(如最高温度 T_{max}、最低温度 T_{min} 和平均气温 T_{mean} 等)选取相似日。

定义日特征量:每日有 H 个相关因素, i、j 两日的日特征向量分别为 $(u_{i1},u_{i2},\cdots,u_{iH})^{T}$,$(u_{j1},u_{j2},\cdots,u_{jH})^{T}$。$i$、$j$ 两日的特征相似度为

$$O_{ij}=\frac{\sum_{h=1}^{H}u_{ih}u_{jh}}{\sqrt{\sum_{h=1}^{H}u_{ih}^{2}\sum_{h=1}^{H}u_{jh}^{2}}} \tag{2-19}$$

式中: O_{ij} 为日特征相似度,反映了这两日特征量的几何空间距离。

本书采用一种基于信息熵的组合预测方法,表征预测效果和动态相似的结合。下面介绍基于信息熵的组合预测模型的权重计算方法。首先,要进行目标属性的确定。本书中的目标属性即为组合预测的预测精度,待求量为各单一模型的权重,将相似日序列各预测模型的预测值作为评估对象。然后,进行属性权重的计算。

基于信息熵计算各属性权重的具体步骤如下:

步骤 1:构造决策矩阵。构造预测时刻 t 下的决策矩阵 $\boldsymbol{C}=(c_{ij})_{m\times s}$,其中 c_{ij} 为第 i 个模型在第 j 相似日的预测值, m 为单一预测模型的个数, s 为相似日的总天数。

步骤 2:求取特征值矩阵。

$$\boldsymbol{\lambda}=\begin{bmatrix}\lambda_{11} & \lambda_{12} & \cdots & \lambda_{1s}\\ \lambda_{21} & \lambda_{22} & \cdots & \lambda_{2s}\\ \vdots & \vdots & & \vdots\\ \lambda_{m1} & \lambda_{m2} & \cdots & \lambda_{ms}\end{bmatrix} \tag{2-20}$$

步骤 3:特征值矩阵规范化。对矩阵进行规范化处理,得到矩阵 $\boldsymbol{R}$。计算公式为

$$r_{ij}=\frac{\lambda_{ij}-\min\lambda_{ij}}{\max\lambda_{ij}-\min\lambda_{ij}} \tag{2-21}$$

步骤 4:矩阵 $\boldsymbol{R}$ 归一化。对矩阵 $\boldsymbol{R}$ 的每一行进行归一化处理,得到

$\boldsymbol{R}' = (r'_{ij})$。

$$r'_{ij} = \frac{r_{ij}}{\sum_{j=1}^{s} r_{ij}} \tag{2-22}$$

步骤5:计算属性信息熵。

$$E_i = -\frac{1}{\ln s}\sum_{j=1}^{s} r'_{ij}\ln r'_{ij} \tag{2-23}$$

考虑到对数函数的性质,规定当 $r'_{ij}=0$ 时,$r'_{ij}\ln r'_{ij}=0$。模型意义是某些时刻熵权特别小的模型,其权重值可以为0。

步骤6:计算权重向量。

$$\boldsymbol{\omega}_{it} = \frac{1 - E_i}{\sum_{i=1}^{m}(1 - E_i)} \tag{2-24}$$

更改 t 的数值,就可以得到第 t 天的预测权重值。权重乘以预测结果,这样就得到了 ET_0 的预测值 y_t。最终当日的温度值应为各分配因子和预测值的乘积。

三、单项模型的选择

(一)贝叶斯线性回归

贝叶斯线性回归是利用贝叶斯概率推断方法求解的线性回归模型,具有贝叶斯统计模型的基本性质。提供一组数据样本,$\boldsymbol{X}=\{X_1, X_2, \cdots, X_N\} \in \boldsymbol{R}_N$,$\boldsymbol{y}=\{y_1, y_2, \cdots, y_N\}$,$\boldsymbol{X}$ 为输入变量,$\boldsymbol{y}$ 为对应的目标值,N 为数据样本数量,则贝叶斯线性回归模型为

$$f(\boldsymbol{X}) = \boldsymbol{X}^{\mathrm{T}}\omega, \quad \boldsymbol{y} = f(\boldsymbol{X}) + \varepsilon \tag{2-25}$$

式中:ω 为权重系数;ε 为残差。

(二)支持向量机回归

支持向量机模型用于回归预测分析时,其核心是利用不敏感损失函数 ε 建立一个最优的分类面,使所有训练集距离这个最优分类面的均方误差达到最小。SVR 模型输出的是中间各个节点的线性组合,中间每个节点都对应一个支持向量。回归型支持向量机预报模型结构

如图 2-3 所示。

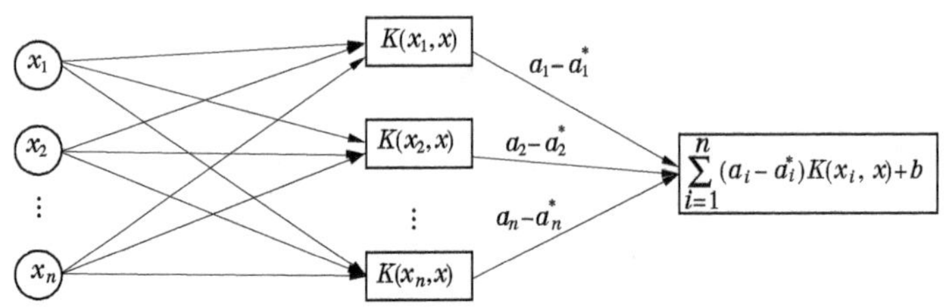

图 2-3　回归型支持向量机预报模型结构

（三）岭回归

岭回归是一种改进的最小二乘估计方法，用于分析共线数据。在岭回归中，引入回归系数值以减少自变量协方差的影响。回归比最小二乘法更适合拟合条件较差的数据。它更适合解决多元线性回归中自变量数据的共线和解释参数缺乏的问题，属于回归的参数缺乏解释性问题的改良回归方法。岭回归的参数不仅具有解释意义，也有一定的统计学意义。

（四）Lasso 回归

Lasso 回归以多元回归为主体，通过限制构造出的模型的绝对值系数函数，进行特征筛选，它具有更强的稀疏化回归系数向量的能力，为模型选择有用的特征，具有更好的变量选择功能。它通过选择有用的数据特征来衰减回归系数向量，并获得可靠的变量选择函数。在 Lasso 回归中，设定期望的被解释变量 Y_i 在观测值给定的情况下独立，即 Y_i 关于 x_{ij} 条件独立，并且 x_{ij} 是标准化的，则 Lasso 回归的系数估计表达式为

$$(\alpha,\beta)=\operatorname{argmin}\{\sum_i(Y_i-\alpha_i-\sum_j\beta_jX_{ij})^2\}\quad(\sum_j|\beta_j|\leqslant t)\tag{2-26}$$

式中：$t\geqslant 0$ 为调和参数，当 t 逐渐减小，部分回归系数会缩小并逐渐趋于 0，此时应剔除。

四、特征工程

特征工程指的是从原始数据集中提取试验特征的过程，提取的特征能够较好地描述数据集的内容，其一般包括数据预处理和特征分析与选择等。特征工程需要从以下几个步骤来实现。

（一）数据集介绍

本书选取了数据集当中的最高气温（T_{max}）、最低气温（T_{min}）、平均气温（T_{mean}）、相对湿度（RH）四项指标来反映 ET_0 变化情况。其中，将 ET_0 设定为被解释变量，其余变量均为解释变量。

（二）数据预处理

数据预处理主要包括对不同特征数据的归一化和对被解释变量的正态化检验及处理等。首先，对数据进行归一化处理。由于特征数据之间的量纲不同及机器学习算法具有伸缩不可变性，因此本书采用区间缩放法将数据映射到同一区间。区间缩放法是利用特征数据的最值（最小值和最大值）进行缩放，公式如下：

$$x' = \frac{x - x_{min}}{x_{max} - x_{min}} \tag{2-27}$$

式中：x' 为归一化处理后的无量纲数据；x 为归一化之前的原始数据；x_{min} 为该原始数据中的最小值；x_{max} 为该原始数据中的最大值。

然后，对数据进行正态化检验。考虑到大多数机器学习算法要求被解释变量满足正态分布，因此本书通过分位数图（Q–Q 图）对被解释变量 ET_0 进行正态化检验，Q–Q 图反映了变量的实际分布与理论分布的符合程度，可以用来考察数据是否服从正态分布类型。若数据服从正态分布，则数据点应与理论直线基本重合。其分析步骤如下：

步骤 1：画出 ET_0 的 Q–Q 图，如图 2-4 所示。分析可知，原始数据 ET_0 并不完全符合正态分布。

步骤 2：根据 ET_0 数据特征，对 ET_0 进行开 1/3 次方处理，并画出处理后 ET_0 的 Q–Q 图，如图 2-5 所示。

对比图 2-4、图 2-5 可以看出，对 ET_0 进行开 1/3 次方处理后，该数据比原始数据更符合正态分布，满足机器学习算法的要求。

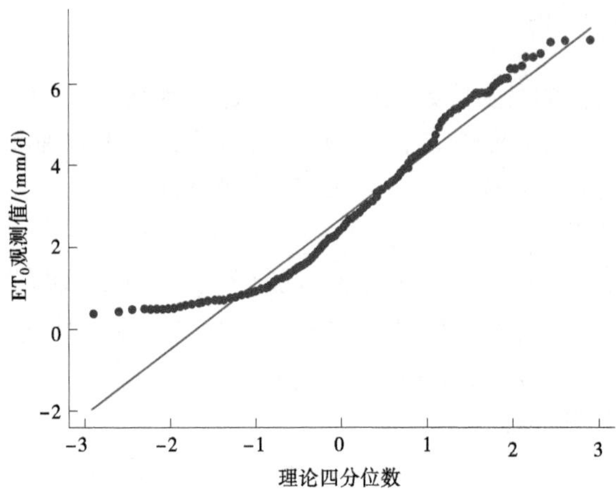

图 2-4 原始数据 ET_0 的 Q−Q 图

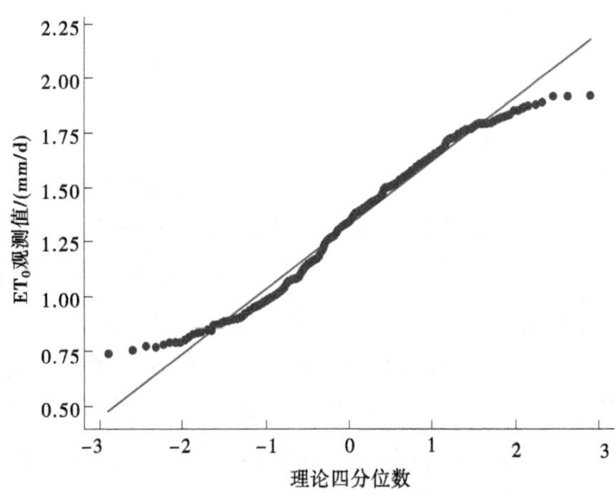

图 2-5 开 1/3 次方处理后 ET_0 的 Q−Q 图

第七节　评价指标选择

为了更好地检验预测精度，运用以下五个统计评价指标对标准值与预报值进行比较。统计指标分别为平均绝对误差（MAE）、均值偏差（MBE）、均方根误差（RMSE）、平均绝对百分比误差（MAPE）和相关系数（r）。为全面评价 ET_0 预测模型的预测性能，从误差比率和拟合优度层面实现对 ET_0 预测结果优劣的分析，其计算公式如下。

$$\mathrm{MAE} = \frac{1}{n}\sum_{i=1}^{n} \left| O_i - P_i \right| \tag{2-28}$$

$$\mathrm{MBE} = \frac{1}{n}\sum_{i=1}^{n} (O_i - P_i) \tag{2-29}$$

$$\mathrm{RMSE} = \sqrt{\frac{\sum_{i=1}^{n} (O_i - P_i)^2}{n}} \tag{2-30}$$

$$\mathrm{MAPE} = \frac{100}{n}\sum_{i=1}^{n} \left| \frac{P_i - O_i}{P_i} \right| \tag{2-31}$$

$$r = \frac{\sum_{i=1}^{n} (P_i - \overline{P})(O_i - \overline{O})}{\sqrt{\sum_{i=1}^{n} (P_i - \overline{P})^2 \sum_{i=1}^{n} (O_i - \overline{O})^2}} \tag{2-32}$$

式中：n 为序列测定值的数目；O_i 为测定值或实算值；P_i 为预报值；$\overline{P}$ 和 $\overline{O}$ 分别为观测期内 P_i 和 O_i 的平均值。

第三章

中长期数值天气预报准确性分析

近年来,天气预报在防汛抗旱等方面发挥着越来越重要的作用。公共天气预报是人们获取天气信息最常见的来源。与公共天气预报相比,数值天气预报(NWP)是一种定量、客观的天气预报系统,它描述了中长期的气象演变过程。中国气象局从1959年开始在计算机上开展数值天气预报工作,1969年正式发布短期数值天气预报。目前,中国气象局已经发布了中长期(1~56 d)数值天气预报。此外,数值天气预报的预报尺度已经从区域预报发展到大尺度大气状态预报。然而,数值天气预报仍有许多问题需要解决。由于大气运动的高度混沌状态,空气凝结、湍流和对流过程显著影响天气预报结果,使准确预报变得困难。此外,预测误差将随着预报周期的延长而显著增大,从而导致长期预测的不确定性。由于天气预报在各个领域的重要性,在较长的时间尺度上提供可靠的预报数据有助于为其他因素的预报提供可靠的数据源。

第一节 中长期天气预报年度指标预测精度

中国五个气候区的 T_{max}、T_{mean}、T_{min} 和 RH 的 RMSE 和 MAE 随着1~56 d 预测天数的增加而持续增加(见图 3-1~图 3-4)。1~56 d T_{max} 的 RMSE 为 1.90~7.00 ℃,T_{mean} 的 RMSE 为 1.71~4.81 ℃,T_{min} 的 RMSE 为 1.72~5.43 ℃,相对湿度的 RMSE 为 9.22%~17.0%(见表 3-1)。在 1~8 d、8~16 d 和 16~56 d 的时间尺度上,T_{max}、T_{mean}、T_{min}

和 RH 的 RMSE 增加速率分别为 24.3%、11.9%和 0.91%，MAE 的增加速率分别是 10.1%、7.55%和 0.82%。这表明预测误差在 1~8 d 的时间尺度上随预测天数而显著增大，而后期的增加速度则有所放缓。

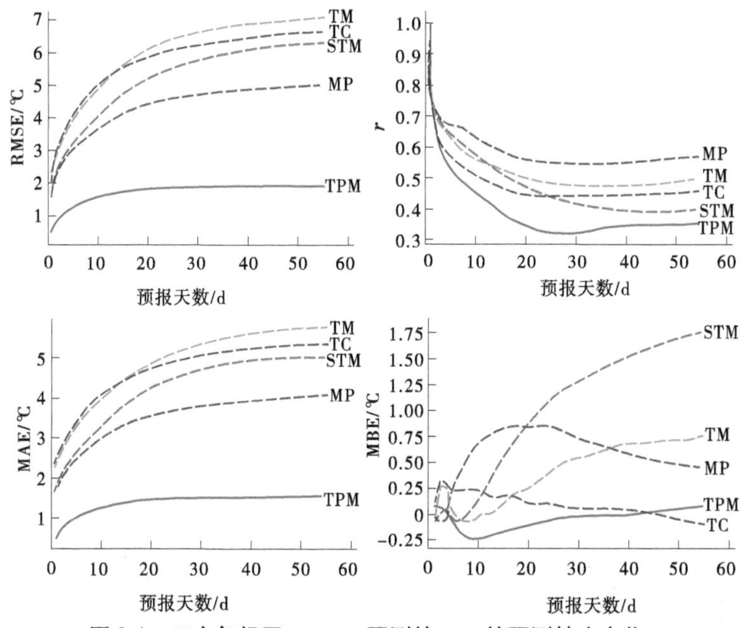

图 3-1　五个气候区 1~56 d 预测的 T_{max} 的预测精度变化

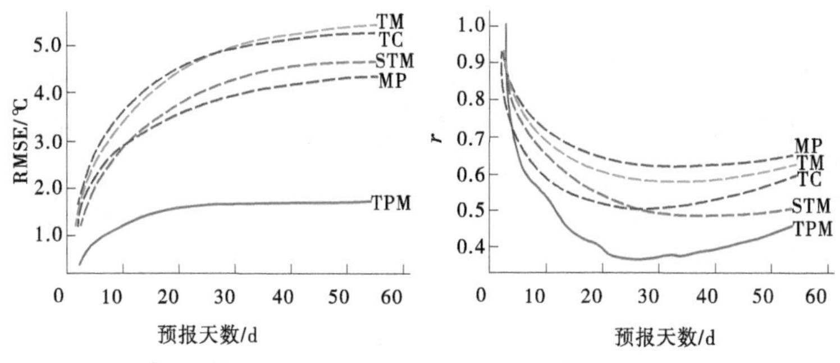

图 3-2　五个气候区 1~56 d 预测的 T_{mean} 的预测精度变化

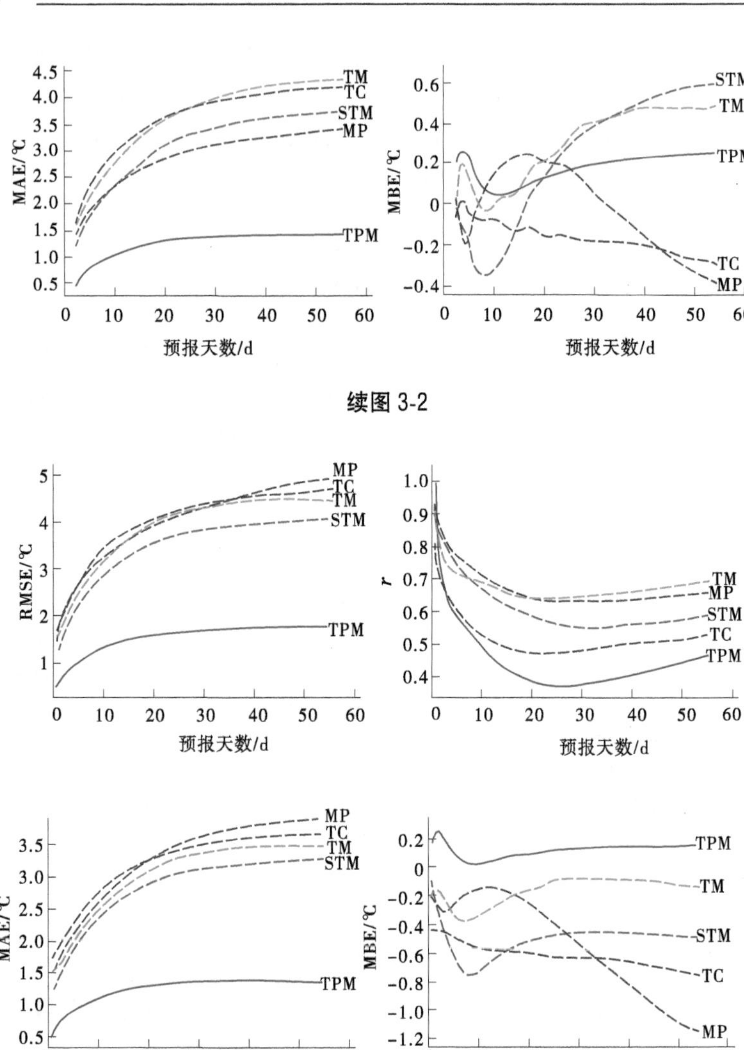

续图 3-2

图 3-3　五个气候区 1~56 d 预测的 T_{min} 的预测精度变化

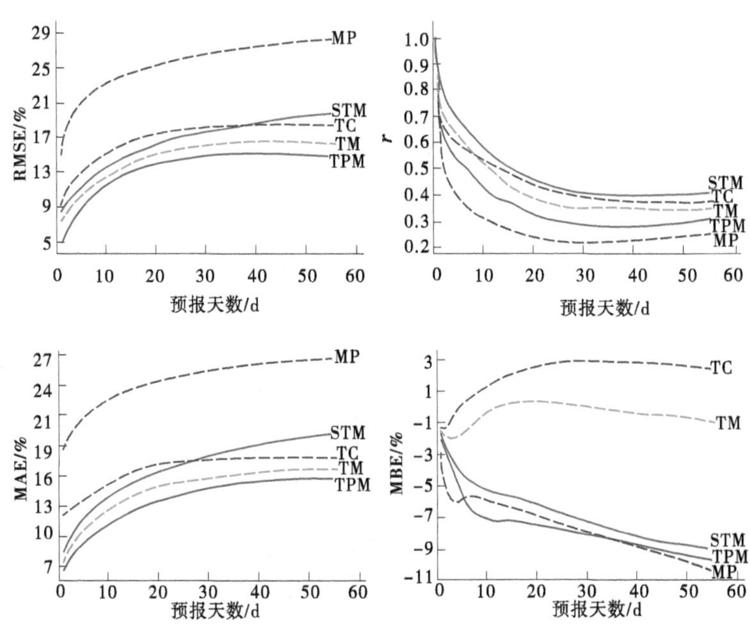

图 3-4　五个气候区 1~56 d 预测的 RH 的预测精度变化

表 3-1　数值天气预报产品不同气候区各气象因子不同时间尺度的预报精度分析

气候区	预报天数/d	T_{max}/℃				T_{min}/℃			
		RMSE	r	MAE	MBE	RMSE	r	MAE	MBE
热带季风气候区（TPM）	1~8	1.42 f	0.48 cd	1.16 f	−0.23 de	1.22 f	0.53 cd	1.01 e	0.05 ef
	1~16	1.75 f	0.37 e	1.42 f	−0.15 ef	1.55 f	0.40 e	1.26 e	0.11 ef
	1~56	1.90 f	0.41 e	1.52 f	0.04 f	1.72 f	0.46 de	1.40 e	0.26 d
亚热带季风气候区（STM）	1~8	3.65 e	0.59 b	2.99 e	0.02 f	2.72 e	0.67 a	2.24 d	−0.34 c
	1~16	4.83 cd	0.49 cd	3.94 cd	0.65 bc	3.63 cde	0.56 bcd	2.96 c	0.03 f
	1~56	6.27 ab	0.40 e	5.11 ab	1.76 a	4.66 ab	0.50 d	3.76 ab	0.62 a

续表 3-1

气候区	预报天数/d	T_{max}/℃				T_{min}/℃			
		RMSE	r	MAE	MBE	RMSE	r	MAE	MBE
温带季风气候区(TM)	1~8	4.51 d	0.57 b	3.69 cd	-0.06 f	3.34 de	0.66 a	2.71 cd	-0.01 f
	1~16	5.63 b	0.51 c	4.56 bc	0.16 e	4.29 bcd	0.60 b	3.44 bc	0.16 de
	1~56	7.00 a	0.50 cd	5.68 a	0.75 bc	5.43 a	0.61 b	4.37 a	0.49 b
温带大陆性气候区(TC)	1~8	4.66 d	0.52 c	3.80 cd	0.22 de	3.61 cde	0.57 bc	2.94 c	-0.07 ef
	1~16	5.58 bc	0.46 de	4.49 bc	0.17 e	4.41 bc	0.51 cd	3.53 ab	-0.11 ed
	1~56	6.62 a	0.51 c	5.31 ab	-0.07 f	5.30 a	0.59 b	4.24 a	-0.34 c
高原山地气候区(MP)	1~8	3.40 e	0.65 a	2.78 e	0.57 bcd	2.77 e	0.72 a	2.24 d	0.12 e
	1~16	4.15 de	0.58 b	3.36 de	0.83 b	3.46 de	0.65 ab	2.75 cd	0.25 d
	1~56	5.00 cd	0.57 b	4.02 cd	0.43 cd	4.37 bc	0.65 ab	3.42 bc	-0.40 bc

气候区	预报天数/d	T_{mean}/℃				RH/%			
		RMSE	r	MAE	MBE	RMSE	r	MAE	MBE
热带季风气候区(TPM)	1~8	1.20 f	0.53 cd	1.01 e	0.02 e	6.15 e	0.53 cd	5.03 g	-3.36 bc
	1~16	1.52 f	0.40 e	1.24 e	0.07 e	7.54 de	0.40 e	6.15 f	-3.92 b
	1~56	1.71 ef	0.46 de	1.38 de	0.15 de	9.49 cd	0.46 e	7.54 d	-5.60 a
亚热带季风气候区(STM)	1~8	2.58de	0.70 a	2.17 cd	-0.75 b	6.71 e	0.67 ab	5.59 fg	-2.52 cd
	1~16	3.30cd	0.60 bc	2.72 bc	-0.58 bc	8.66 d	0.56 cd	6.98 e	-3.08 bc
	1~56	4.02 ab	0.58 c	3.26 ab	-0.49 bc	11.7 bc	0.50 de	9.49 bc	-5.32 a
温带季风气候区(TM)	1~8	2.94 d	0.69 ab	2.39 c	-0.36 cd	6.15 e	0.66 ab	5.03 g	-0.20 e
	1~16	3.76 bc	0.65 ab	3.03 b	-0.21 de	7.82 d	0.60 bc	6.15 f	0.56 a
	1~56	4.61 ab	0.69 ab	3.69 a	-0.13 de	9.22 cd	0.61 bc	7.26 de	-0.28 e
温带大陆性气候区(TC)	1~8	3.11 cd	0.54 c	2.54 c	-0.53 bc	8.10 d	0.57 cd	6.43 ef	0.84 e
	1~16	3.85 bc	0.47 de	3.07 b	-0.58 bc	9.77 cd	0.51 cd	7.26 de	1.40 d
	1~56	4.68 a	0.61 bc	3.70 a	-0.75 b	10.9 c	0.59 cd	8.10 cd	1.68 d
高原山地气候区(MP)	1~8	3.02 cd	0.73 a	2.44 c	-0.18 de	13.4 b	0.72 a	10.9 b	-3.08 bc
	1~16	3.68 bc	0.66 ab	2.90 bc	-0.17 de	14.8 b	0.65 b	11.7 ab	-3.36 bc
	1~56	4.81 a	0.65 ab	3.71 a	-1.18 a	17.0 a	0.65 b	13.39 a	-5.88 a

注：每一栏不同字母代表 $p < 0.05$ 水平差异显著，下同。

气候类型对预报性能有显著影响。热带季风气候区 T_{max}、T_{mean}、T_{min} 的 RMSE 显著低于其他 4 个气候区，高原山地气候区 RH 的 RMSE 显著高于其他 4 个气候区。这说明气温的预报受温带和亚热带气候的影响较大，而相对湿度的预报受高原山地气候的影响较大。T_{max}、T_{mean} 和 T_{min} 的 MAE 平均值在预报期的 1～8 d 后超过 2.33 ℃，在 1～16 d 预报期后上升至 3.17 ℃，表明在 8 d 的预测尺度后，预测误差就显著增大。RH 也观察到类似的结果。5 个气候带的相关系数(r)随预报期的延长而减小。在大多数气候区，r 在 1～8 d 预报期后低于 0.72，在 1～16 d 预报期后低于 0.65。MBE 表达了天气指标预测值的偏高(MBE>0)或偏低(MBE<0)。MBE 结果表明，除热带季风气候区外，其他 4 种气候类型的 T_{max} 和 T_{min} 预报值均偏高。温带大陆性气候区和温带季风气候区的 RH 的 MBE 值偏高 2.53 %，亚热带季风气候区、热带季风气候区和高原山地气候区的预测值偏低 6.85%。通常，与观测值相比，NWP 产生的 T_{max} 超出预测值高达 1.75 ℃，而 T_{min} 低于预测值高达-1.18 ℃，但热带季风气候区除外，其 MBE 在 1～56 d 预报期内为-0.25～0.25 ℃。

第二节　中长期天气预报精度的季节性差异

气温和相对湿度的预报精度表现出明显的季节性差异。在四个季节中，T_{max} 和 T_{mean} 的 RMSE 和 MAE 分别在 2.56～5.20 ℃和 2.68～4.46 ℃的范围。这表明无论哪个季节，预测指标的误差始终存在。T_{min} 的 RMSE 和 MAE 在冬春季节明显较大(RMSE 为 4.52 ℃，MAE 为 4.19 ℃)，与夏秋季相比分别增加了 41.2%和 82.1%。相对湿度的 RMSE 和 MAE 在夏季要大许多，其中 RMSE 为 23.2%，MAE 为 20.4%，较冬春季的误差分别增加了 62.7 %和 56.9 %。

对于不同的气候类型，属于热带季风气候区的三亚站和海口站的 RMSE 和 MAE 在所有季节都最低。相反，属于温带和亚热带季风气候区的成都、南京、长春、锡林浩特等站点的 RMSE 和 MAE 最高。MBE 结果表明，T_{max} 和 T_{mean} 在春季和冬季的预报偏低了 2. 51 ℃和 2. 55 ℃，在夏季和秋季的预报偏高了 3. 12 ℃和 1. 02 ℃。T_{min} 在夏秋季预测精度较好，MBE 为-1. 15～0. 53 ℃。T_{mean} 在冬春季预测偏低，MBE 为 2. 51～2. 55 ℃。T_{min} 在冬季预测值偏低，MBE 为-2. 18 ℃。对于相对湿度，大多数气象站点在冬季的预测效果良好。然而，在夏季，相对湿度不是低于预测值就是高于预测值。例如，格尔木站和西宁站的相对湿度在夏季的预测值偏低 16. 3%，银川站和锡林浩特站的相对湿度在夏季的预测值偏高 13. 8%。

与冬季相比，夏秋两季 T_{max} 和 T_{min} 的 RMSE 和 MAE 增幅均较小，说明夏季的 T_{max} 和 T_{min} 预报精度较高。除三亚站和海口站外，温带季风气候区、温带大陆性气候区和亚热带季风气候区的 RMSE 和 MAE 在 10 d 预报期后显著增加。这意味着热带季风气候区的 1～56 d 预报精度明显优于其他 4 个气候区。

第三节　中长期天气预报合理预报尺度的确定

确定合理的预报尺度对于其他预报具有重要意义。本次使用 RMSE、MAE、MBE 和 r 的归一化值与预报天数进行拟合。结果表明，RMSE（$R^2 \geq 0.990$）和 MAE（$R^2 \geq 0.997$）与预报天数呈现渐近正关系，r（$R^2 \geq 0.994$）则呈现渐近负关系（见图 3-5）。根据第一章第一节对 NWP 可靠预报尺度的定义，得出渐近函数的交叉值可满足高 r 与低 RMSE 的双重目标。对函数求解，认为 1～9. 5 d 的 T_{max} 预报值可满足较高 r 和较低 RMSE 的要求。类似地，计算的 T_{min} 最佳预测期为 1～9. 2 d，T_{mean} 和 RH 的最佳预测期为 1～10 d。总体而言，本书认为 1～10 d 预测期内 NWP 的 T_{max}、T_{mean}、T_{min} 和 RH 预测值是可靠的。该方法也有助于相关学者和决策者为其他预测研究选择合理的预测期。

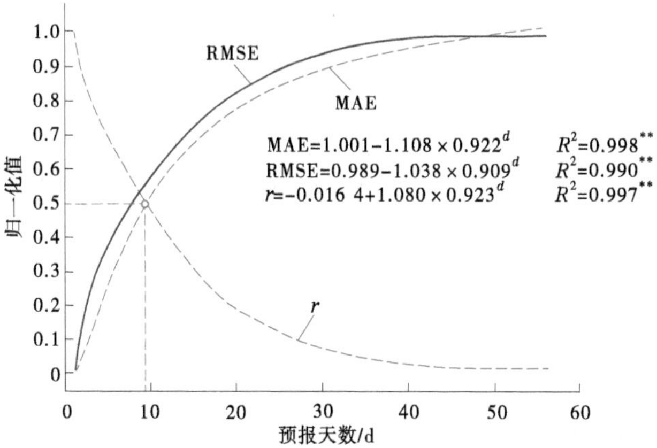

RMSE

MAE

MAE=1.001−1.108×0.922^d　R^2=0.998**

RMSE=0.989−1.038×0.909^d　R^2=0.990**

r=−0.016 4+1.080×0.923^d　R^2=0.997**

r

归一化值

预报天数/d

(a)最高气温(T_{max})

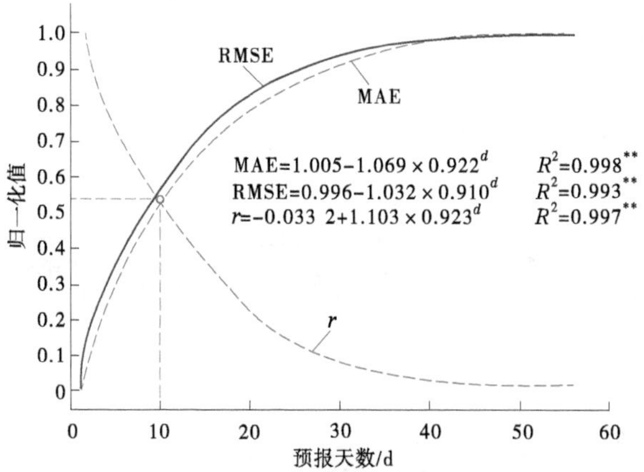

RMSE

MAE

MAE=1.005−1.069×0.922^d　R^2=0.998**

RMSE=0.996−1.032×0.910^d　R^2=0.993**

r=−0.033 2+1.103×0.923^d　R^2=0.997**

r

归一化值

预报天数/d

(b)平均气温(T_{mean})

d—预报天数。

图 3-5　基于 2020~2022 年数值天气预报 1~56 d 预测数据进行回归得出的最高气温、平均气温、最低气温和相对湿度的 RMSE、MAE 和 r 与预报天数之间的渐近函数关系

(回归分析之前,将 RMSE、MAE、r 值归一化为 0~1.0,
* * 表示 $p < 0.01$ 条件下极显著相关)

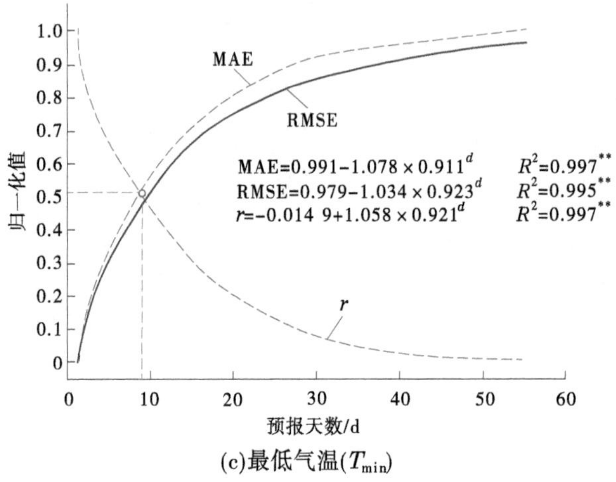

(c)最低气温(T_{min})

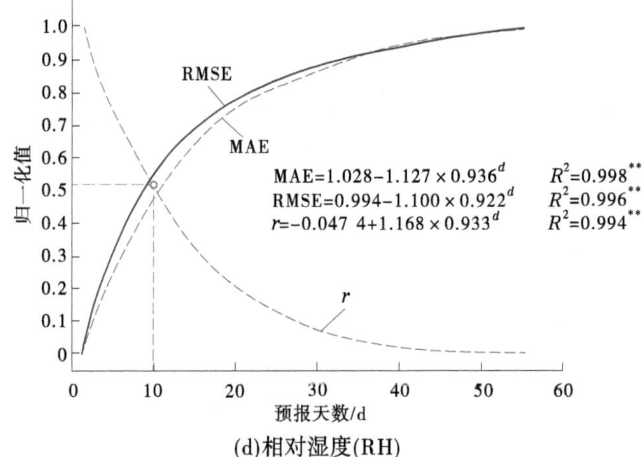

(d)相对湿度(RH)

续图 3-5

第四章

BP 神经网络模型在 ET_0 预报中的应用

人工神经网络利用相互连接的信息处理单元将气象输入变量转化为 ET_0 输出值，被认为是预测 ET_0 的最佳方法之一。在印度 Beas-Sutlej 盆地和希腊 Peloponnese 半岛，科学家利用不同的人工神经网络模型来计算该区域的 ET_0。基于不同的输入变量的组合，研究者们得出不同的结论。他们普遍认为，人工神经网络模型可以在相对较少输入变量的条件下在 ET_0 预测中表现出良好的预测精度。在巴西热带气候区，与支持向量机（SVM）模型相比，BP 神经网络模型在有限气象输入条件下，预测 ET_0 表现出更好的效果。在澳大利亚维多利亚州，科学家使用人工神经网络模型和小波神经网络模型，仅用温度和风速数据来预测 ET_0，经比较得出，这两个模型在预测 ET_0 方面都有良好的精度。另外，不同气候区由于相对湿度的巨大差异，对 ET_0 预测的准确性也受到较大影响。一般情况下，在相对湿度较高的热带地区，引入 RH 变量可提高 ET_0 的预测精度，而在干旱和半干旱地区相对湿度非常低，ET_0 与 RH 的相关性不显著。在中国干旱地区，Chen 等（2015）在河西走廊建立了仅以温度为输入变量的 ET_0 估计模型，发现 BP 神经网络模型的均方根误差（RMSE）较 Hargreaves 方程降低了 23%。

中国幅员辽阔，气候类型多样，季节更替明显。以往对 ET_0 预报的研究主要集中在中国特定气候地区的特定时间尺度上。本章利用遗传算法（GA）优化的 BP 神经网络模型，对中国 5 个气候区 14 个站点的 ET_0 进行了预报，计算了不同气象变量与 ET_0 的决定系数，基于 $R^2 > 0.50$ 和 $R^2 > 0.70$ 分别确定不同的气象数据输入组合，综合比较不同

输入组合条件下 BP 神经网络模型和 GABP 神经网络模型在中国不同气候带和季节的 ET_0 预测精度。本书假设 GABP 神经网络模型会显著改善人工神经网络模型在不同气候带和季节的预测精度,以期为农户和政策制定者提供优化的预测模型,进而准确估算和预测作物耗水量和灌溉量。

第一节 输入参数的选择

根据以往的研究,本书选择了 8 个变量,包括最高气温、最低气温和平均气温(T_{max}、T_{min}、T_{mean},℃),日温度差(ΔT,℃),大气顶层辐射[R_a,MJ/(m^2·d)],日照时数(S,h),相对湿度(RH,%)和 2 m 风速(u_2,m/s)。选取 2020~2022 年的数据集,其中 2020 年和 2021 年的数据集用于训练模型,2022 年的数据集用于测试模型。

一般来说,相关性分析是选择 ET_0 模型输入参数的第一步,因为它确定了哪些变量对 ET_0 的贡献率最大。通过计算不同输入变量与 ET_0 的决定系数(R^2),得出 R^2 范围为 0.10~0.93。其中,气温和太阳辐射是影响 ET_0 的主导因子(见图 4-1)。

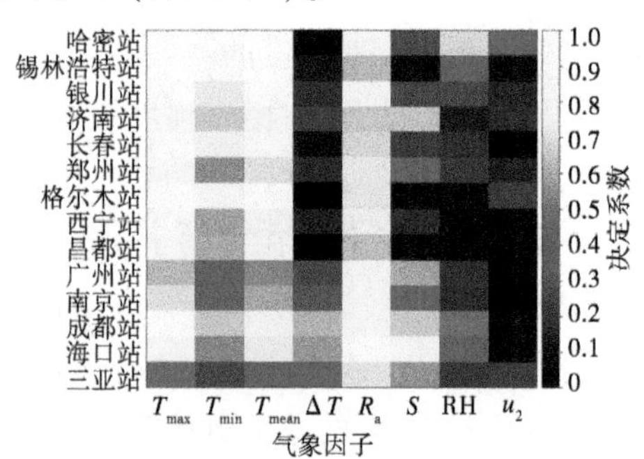

图 4-1 不同气象站 ET_0 与气象参数之间的决定系数

具体来讲,T_{max} 的决定系数最大,为 0.785,其次为 T_{mean}(R^2 = 0.735)和 R_a(R^2 = 0.727);u_2 的决定系数最小,为 0.121,其次为 ΔT

(R^2 = 0.228)、RH(R^2=0.258)和 S(R^2=0.377)(见图 4-2)。第二步是计算 R^2 的阈值,用于选择输入变量。本书使用 R^2 统计箱形图将所有气象因子的 R^2 进行分布统计(见图 4-3),然后使用中位数(R^2 = 0.50)和第三个四分位数(R^2 = 0.70)作为阈值。第三步,基于中位数(R^2=0.50)和第三个四分位数(R^2 = 0.70)的阈值,不同气象站点形成了不同的输入因子组合(见表 4-1)。

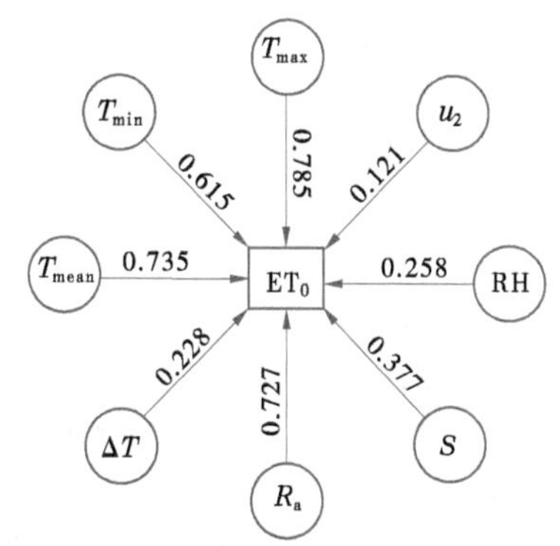

图 4-2　气象因子与 ET_0 之间的决定系数

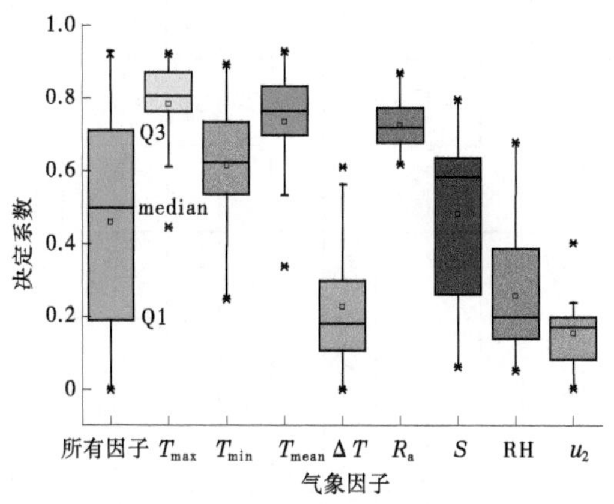

注:Q1 为 1/4 位数;median 为中位数;Q3 为 3/4 位数。

图 4-3　气象因子 R^2 统计箱形图

表 4-1 基于 $R^2 > 0.50$ 和 $R^2 > 0.70$ 的 14 个气象站的神经网络模型输入要素选择

站点名称	基于 $R^2 > 0.50$ 选择的气象要素								基于 $R^2 > 0.70$ 选择的气象要素							
	T_{max}	T_{min}	T_{mean}	ΔT	R_a	S	RH	u_2	T_{max}	T_{min}	T_{mean}	ΔT	R_a	S	RH	u_2
哈密	√	√	√		√		√		√	√	√		√			
锡林浩特	√	√	√		√				√	√	√					
银川	√	√	√		√				√		√		√			
济南	√	√	√		√	√			√		√					
长春	√	√	√		√				√	√	√					
郑州	√	√	√		√	√			√		√		√			
格尔木	√	√	√		√				√	√	√		√			
西宁	√	√	√		√				√		√		√			
昌都	√	√	√		√				√		√					
广州	√		√		√	√							√			
南京	√		√		√	√			√				√			
成都	√	√	√	√	√	√			√		√		√			
海口	√	√	√	√	√	√			√		√		√			
三亚	√			√	√	√							√			

第二节　BP 神经网络模型与 GABP 神经网络模型预测精度的比较

BP 神经网络模型和 GABP 神经网络模型在验证阶段的各项评价指标如图 4-4 所示。结果表明，GABP 神经网络模型的 ET_0 预测精度高于 BP 神经网络模型。BP 神经网络模型的 RMSE、r、MAE 和 MBE 平均值分别为 0.755 mm/d、0.724、0.404 mm/d 和 -0.023 mm/d，GABP 神经网络模型的 RMSE、r、MAE 和 MBE 平均值分别为 0.434 mm/d、0.894、0.169 mm/d 和 0.053 mm/d。总体上，BP 神经网络模型在热带季风气候区和亚热带季风气候区表现最好，其次是高原山地气候区，在温带季风气候区和温带大陆性气候区表现最差。然而，遗传算法显著提高了 BP 神经网络模型在不同气候区的预测精度。例如，与 BP 神经网络模型相比，GABP 神经网络模型的 RMSE 和 MAE 平均值分别为 0.434 mm/d 和 0.169 mm/d，分别降低了 42% 和 58%。GABP 神经网络模型的 r 平均值为 0.894，较 BP 神经网络模型提高了 23%。

在 MBE 值方面，GABP 神经网络模型显著降低了热带季风气候区、亚热带季风气候区和温带大陆性气候区的 MBE 值，但显著增加了温带季风气候区的 MBE 值。遗传算法可以在不同气候区对 MBE 值起到相对的消减作用。在本书中，$BP_{0.70}$ 表示基于 $R^2=0.70$ 参数选择的 $BP_{0.70}$ 神经网络模型（见表 4-2）。相较于 $BP_{0.50}$、$BP_{0.70}$ 和 $GABP_{0.70}$ 神经网络模型，$GABP_{0.50}$ 神经网络模型的 MBE 中性值（接近零的值）最多，这表明 $GABP_{0.50}$ 神经网络模型的 ET_0 预测精度最高。在考虑季节因素后，各站点冬季的 r 值最低，平均为 0.690，其余 3 个季节的 r 值为 0.812～0.877。MAE 平均值冬季最高，为 0.529 mm/d，秋季次之，为 0.309 mm/d，春季和夏季最低。RMSE 值遵循与 MAE 值相似的规律。遗传算法显著降低了不同季节的 RMSE 值和 MAE 值。与 BP 神经网络模型相比，GABP 神经网络模型在冬季的平均 RMSE 值和 MAE 值分别为 0.292 mm/d 和 0.236 mm/d，分别减少了 57% 和 71%，而 GABP 神经网络模型的 r 值为 0.841，增加了 56%。

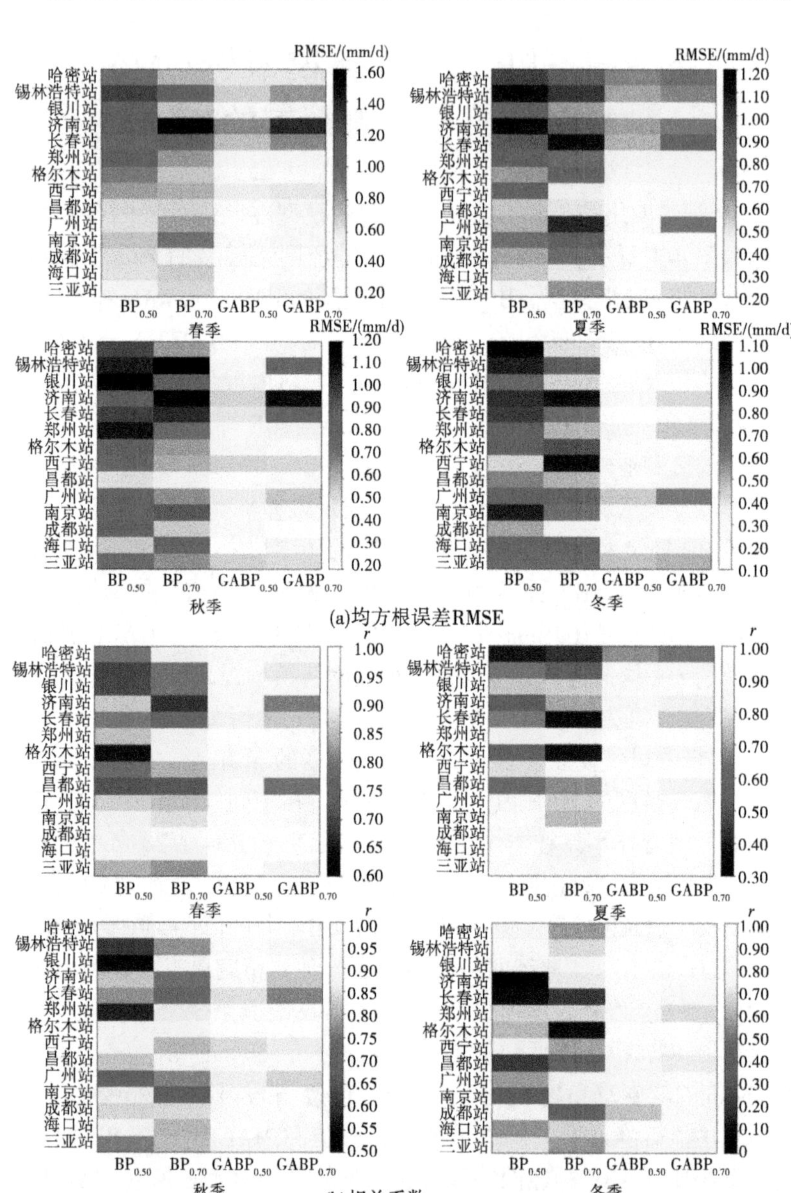

图 4-4 基于 $R^2=0.50$ 和 $R^2=0.70$ 阈值参数选择的 BP 神经网络模型和 GABP 神经网络模型在不同气象站点的 ET_0 预测精度比较

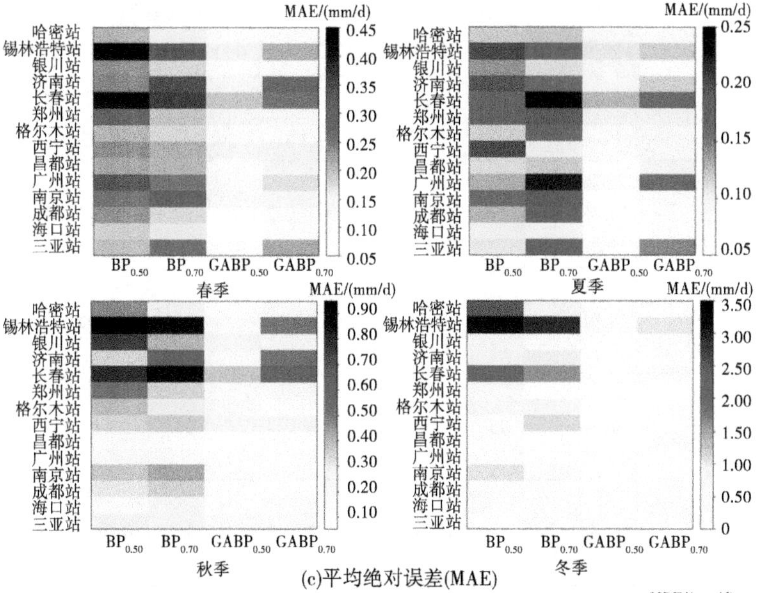

春季　夏季

秋季　冬季

(c)平均绝对误差(MAE)

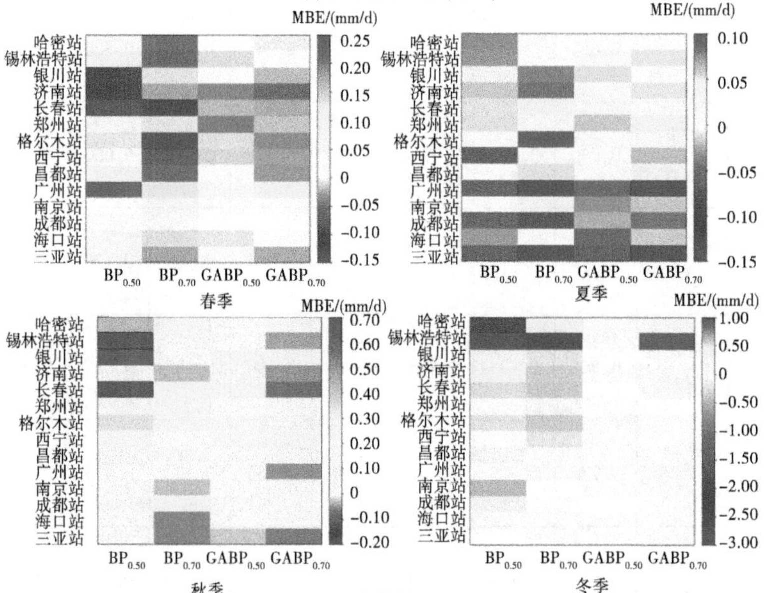

春季　夏季

秋季　冬季

(d)均值偏差(MBE)

续图 4-4

表 4-2　基于 $R^2=0.70$ 阈值参数选择的 BP 神经网络模型和 GABP 神经网络模型在不同气候区的 RMSE、r、MAE 和 MBE

季节	气候区	RMSE/(mm/d)		r		MAE/(mm/d)		MBE/(mm/d)	
		$BP_{0.70}$	$GABP_{0.70}$	$BP_{0.70}$	$GABP_{0.70}$	$BP_{0.70}$	$GABP_{0.70}$	$BP_{0.70}$	$GABP_{0.70}$
冬春季	温带大陆性气候区	0.685	0.405	0.755	0.920	0.785	0.295	-0.435	0.195
	温带季风气候区	0.915	0.640	0.665	0.815	0.620	0.275	-0.165	0.040
	高原山地气候区	0.740	0.395	0.595	0.860	0.450	0.155	0.040	0.020
	亚热带季风气候区	0.610	0.380	0.770	0.910	0.295	0.160	0.065	0.065
	热带季风气候区	0.655	0.420	0.740	0.880	0.245	0.160	0.120	0.080
夏秋季	温带大陆性气候区	0.850	0.535	0.735	0.865	0.325	0.190	0.060	0.140
	温带季风气候区	0.940	0.715	0.710	0.835	0.405	0.285	0.180	0.200
	高原山地气候区	0.555	0.405	0.755	0.890	0.190	0.135	0.095	0.080
	亚热带季风气候区	0.770	0.415	0.790	0.930	0.255	0.120	0.015	-0.015
	热带季风气候区	0.630	0.440	0.840	0.925	0.180	0.130	-0.060	-0.050

第三节　BP 神经网络模型与 GABP 神经网络模型估算 ET_0 的季节性差异

在神经网络模型训练和测试阶段，以输入参数值的每日数据来估算日 ET_0。通过加权法计算 BP 神经网络模型与 GABP 神经网络模型的 ET_0 季节值和全年值。表 4-3 显示了 BP 神经网络模型和 GABP 神经网络模型在验证阶段计算的季节和全年 ET_0。以 FAO-56 PM 模型计算的 ET_0 为标准，与 BP 神经网络模型和 GABP 神经网络模型的 ET_0 变化趋势进行比较（见图 4-5）。根据 FAO-56 PM 方程，热带季风气候区的全年 ET_0 最大，为 1 088.1 mm，温带大陆性气候区和高原山地气候区次之，分别为 1 014.0 mm 和 984.2 mm，温带季风气候区和亚热带季风气候区的全年 ET_0 最小，分别为 983.6 mm 和 930.0 mm。

BP 神经网络模型与 GABP 神经网络模型的 ET_0 在不同季节中有显著差异。预测的春季 ET_0 偏低了 2.27%～5.07%，而秋季 ET_0 偏高了 6.05%～10.1%。BP 神经网络模型和 GABP 神经网络模型很好地预测了夏季的 ET_0，其误差范围在-4.33%～1.56%。在冬季，$BP_{0.50}$ 神经网络模型预测的 ET_0 偏低了 6.38%，而 $GABP_{0.70}$ 神经网络模型预测的 ET_0 偏高了 6.69 %。

表 4-3　基于 $R^2=0.50$ 和 $R^2=0.70$ 参数选择的 BP 神经网络模型和 GABP 神经网络模型估算的 ET_0　　单位：mm

季节	气候区	FAO-56 PM	$BP_{0.50}$	$BP_{0.70}$	$GABP_{0.50}$	$GABP_{0.70}$
春季	温带大陆性气候区	330.8	306.6	310.6	323.4	319.0
	温带季风气候区	327.1	314.5	285.6	303.1	289.6
	高原山地气候区	292.1	283.8	258.1	284.0	275.0
	亚热带季风气候区	244.2	248.8	259.5	247.6	248.6
	热带季风气候区	288.4	297.7	295.9	290.5	302.1

续表 4-3

季节	气候区	FAO-56 PM	$BP_{0.50}$	$BP_{0.70}$	$GABP_{0.50}$	$GABP_{0.70}$
夏季	温带大陆性气候区	449.7	449.4	438.2	459.4	452.5
	温带季风气候区	383.4	388.1	391.1	387.3	390.9
	高原山地气候区	360.9	352.9	373.9	360.3	362.4
	亚热带季风气候区	356.9	348.6	336.6	347.7	335.0
	热带季风气候区	363.9	353.9	347.2	347.6	343.9
秋季	温带大陆性气候区	182.4	236.4	225.7	201.2	211.3
	温带季风气候区	190.3	197.6	240.6	202.4	230.6
	高原山地气候区	216.6	250.2	239.7	238.1	238.8
	亚热带季风气候区	207.2	212.9	210.7	217.8	207.2
	热带季风气候区	245.3	247.5	227.1	243.4	235.2
冬季	温带大陆性气候区	51.1	23.7	32.8	49.9	60.1
	温带季风气候区	82.8	74.7	65.8	79.7	83.5
	高原山地气候区	142.2	133.2	160.5	146.1	157.0
	亚热带季风气候区	121.7	125.5	134.1	121.3	133.1
	热带季风气候区	190.4	195.2	209.1	189.8	195.8
全年	温带大陆性气候区	1 014.0	1 016.2	1 007.3	1 033.9	1 042.9
	温带季风气候区	983.6	974.9	983.1	972.5	994.5
	高原山地气候区	984.2	987.1	1 005.2	1 004.1	996.3
	亚热带季风气候区	930	935.7	940.8	934.4	923.9
	热带季风气候区	1 088.1	1 094.3	1 079.3	1 071.4	1 077.0

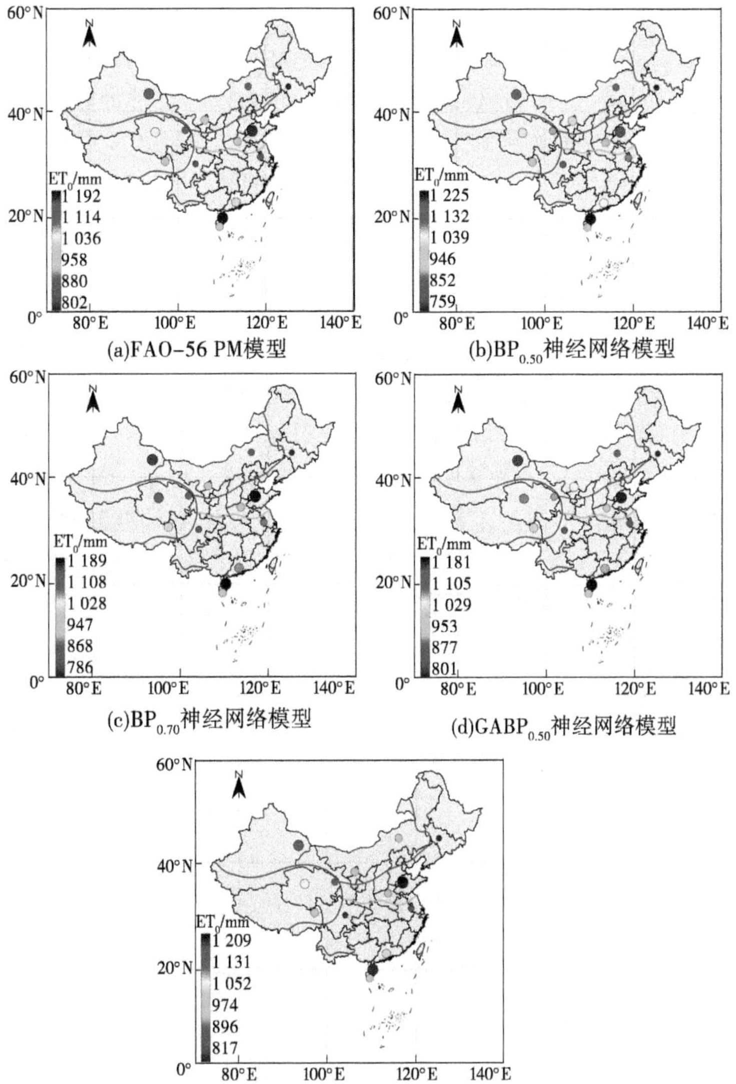

(a)FAO-56 PM模型

(b)$BP_{0.50}$神经网络模型

(c)$BP_{0.70}$神经网络模型

(d)$GABP_{0.50}$神经网络模型

(e)$GABP_{0.70}$神经网络模型

图 4-5　利用多种神经网络模型预测 2022 年验证阶段 14 个气象站的年度 ET_0 值

相比之下，$GABP_{0.50}$ 神经网络模型很好地预测了春季、夏季和冬季的季节 ET_0，误差范围为-0.55 %~1.27 %。$BP_{0.50}$ 神经网络模型在秋季的 ET_0 误差最大，预测值偏高了 10.1%，而 $GABP_{0.50}$ 神经网络模型在秋季预测值的误差则降到了 6.05%以内。$BP_{0.50}$ 和 $BP_{0.70}$ 神经网络模型在温带大陆性气候区的秋季 ET_0 预测值偏高了 14.2%~33.5%。本书认为，即使在秋冬季节，$GABP_{0.50}$ 神经网络模型在季节 ET_0 预测中具有最好的精度。

大气温度和太阳辐射是导致 ET_0 季节性差异的主要因素。其他因素，如 ΔT、RH 和 S，仅在特定气候区或城市中与 ET_0 相关。通过对所有气象因素进行统计分布，使用中位数($R^2=0.50$)和第三个四分位数($R^2=0.70$)作为阈值，发现仅有温度和辐射在所有的气象站点均被选中。在 ET_0 预测中，本书观察到 ET_0 预测值有显著的气候和季节差异，均受地域辐射和季节温度差异的影响。总体上来看，BP 神经网络模型在冬春季节和干旱至半干旱气候中表现最差，在夏秋季节和湿润气候中表现最好。GABP 神经网络模型可明显改善模型在冬春季和干旱气候中 ET_0 的预测精度。

第五章

Prophet 模型和 ARIMA 模型在 ET_0 预测中的应用

智慧灌溉在精准农业中得到越来越广泛的应用。精确灌溉预报取决于对作物耗水量的准确预测。基于参考作物蒸散量(ET_0,mm)的预测,可以通过将 ET_0 与作物系数(K_c)相乘来预测未来一周乃至更长时期的作物耗水量。然而,由于气象因素的可变性,风速、降水等可变性较强的气象因子不仅给 ET_0 预测带来难度,也对 ET_0 预测模型的精确性和稳定性提出了挑战。例如,风速波动导致的 ET_0 大幅变化影响着 ET_0 的准确预测,并且 ET_0 的波动存在明显的季节性变化,在同一时期的某个序列上,ET_0 的波动幅度往往较为一致。研究这种波动规律,可以弥补中长期天气预报不准带来的 ET_0 误差,为中长期 ET_0 预报提供新的思路和方法,这就需要一种基于时间序列的模型来考虑季节性、周期性对 ET_0 的影响。根据 ET_0 预测曲线与同一时期实际 ET_0 曲线的周期变化基本保持一致的原理,可以通过时间序列模型完成对 ET_0 数据特征的提取,得到更精确的 ET_0 变化趋势。

第一节　Prophet 模型时间序列的分解

本书采用 Prophet 模型对 ET_0 时间序列进行时间维度分解,以减少数据的非线性和非平稳特征。首先将 ET_0 数据的原始序列进行归一化处理,再将其输入 Prophet 模型。其中,ET_0 被分解为一个趋势项(trend)、两个周期项(weekly、yearly)和随机波动项 ε_t,并对 $t+1$ 时刻的趋势项和周期项进行预测。由图 5-1 可知,2020~2022 年 ET_0 的变化趋势在整体上保持不变,在 2022 年 5 月之后呈现快速上升的趋势。周期项表现了 ET_0 受季节的影响比较显著,年际变化呈现倒“V”字形趋势。

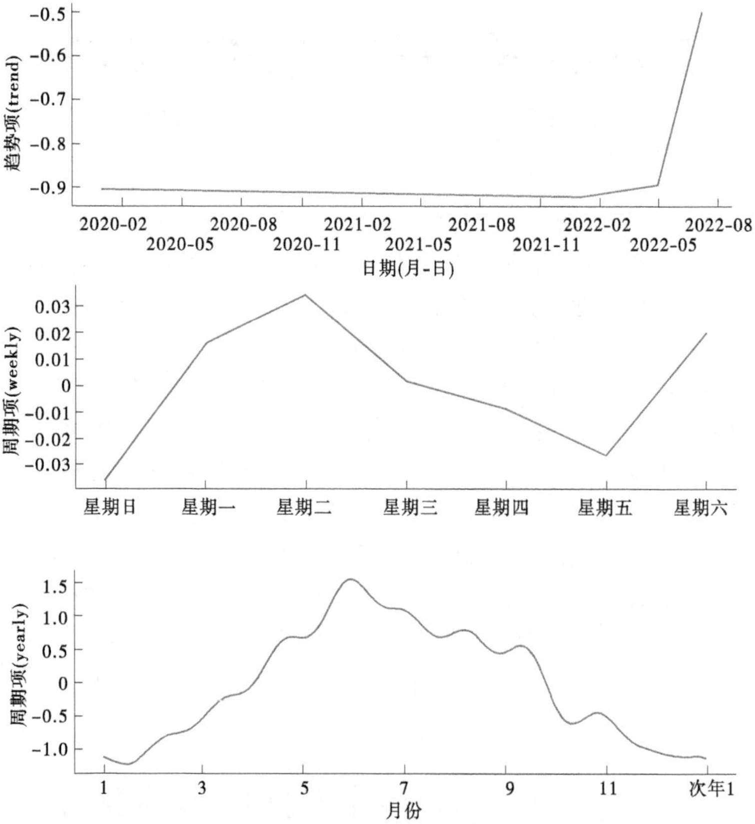

图 5-1　Prophet 模型对 ET_0 趋势项和周期项的预测

通过 Prophet 模型得到 ET_0 预测值(y_{hat})和预测区间的上下界(y_{hat_upper}、y_{hat_lower}),如表 5-1 所示。由表 5-1 可知,Prophet 模型较好地预测了 2022 年 7 月 1 日之后 7 d 的 ET_0 数据,并输出了预测区间的上下界。

表 5-1　Prophet 模型预测 ET_0 输出结果　　　　单位:mm/d

预测时间(年-月-日)	y_{hat}	y_{hat_lower}	y_{hat_upper}
2022-07-01	5.445	4.312	6.584
2022-07-02	5.507	4.276	6.678
2022-07-03	5.369	4.091	6.501
2022-07-04	5.433	4.310	6.697
2022-07-05	5.429	4.254	6.618
2022-07-06	5.322	4.116	6.537
2022-07-07	5.254	4.100	6.375

Prophet 模型 2020~2022 年年际 ET_0 拟合结果如图 5-2 所示。从整体上来说,Prophet 模型预测曲线与实际年际 ET_0 曲线的周期变化基本保持一致,说明 ET_0 受到了季节性和周期性的影响,但 Prophet 模型对较小波动时序有较好的拟合效果。然而 ET_0 值 ≥ 6 mm/d 时,Prophet 模型的拟合结果存在较明显的误差,说明 Prophet 模型并不能很好地识别出 ET_0 时间序列中的不平稳与波动性的特征。

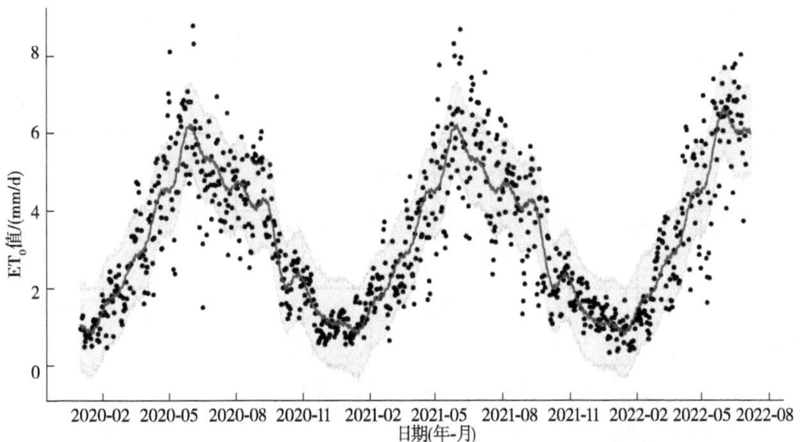

图 5-2　Prophet 模型 2020~2022 年年际 ET_0 拟合结果

第二节　ARIMA 模型参数优化与预测精度

ARIMA 模型是一种时间序列预测模型,它首先将历史 ET_0 数据进行一阶差分处理,然后通过对历史数据绘制出相应的自相关函数(ACF)图和偏自相关函数(PACF)图,再次根据拟合的估计结果进行模型初步识别和定阶,最后确定参数 p 和 q 的阶数(见图 5-3)。由图 5-3 分析可得,参数 p 和 q 的值均为 1,因此本书确定 ARIMA(p,d,q)模型即 ARIMA(1,1,1)模型并进行 ET_0 的预测,预测结果如图 5-4 所示。

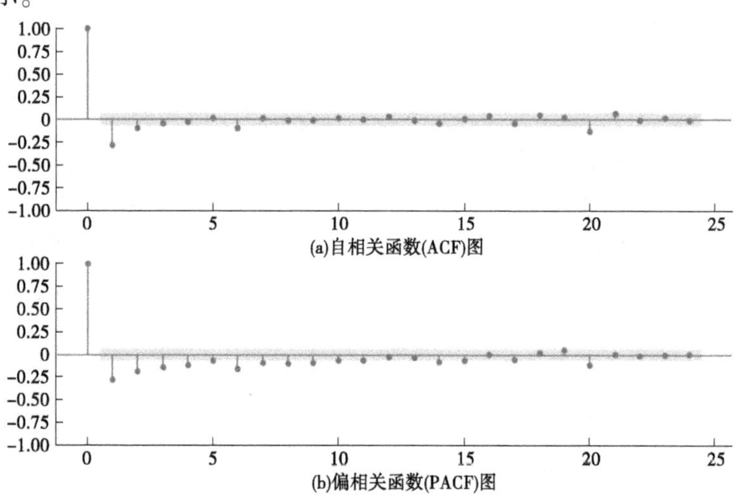

图 5-3　ARIMA 模型对历史 ET_0 数据绘制的自相关函数(ACF)图和偏自相关函数(PACF)图

由图 5-4 可知,ARIMA 模型的拟合效果整体上较好,但当 ET_0 值偏大或者偏小时,拟合误差相对较大。对 ARIMA 模型残差使用 Jarque-Bera 残差白噪声检验法进行检验,统计量 $q=22.20$,$p=0$,残差序列为白噪声,残差系数都落在 95%置信区间内,因此认为该模型的残差为白噪声序列,模型包括了原始序列的所有趋势,可以用于 ET_0 预测。

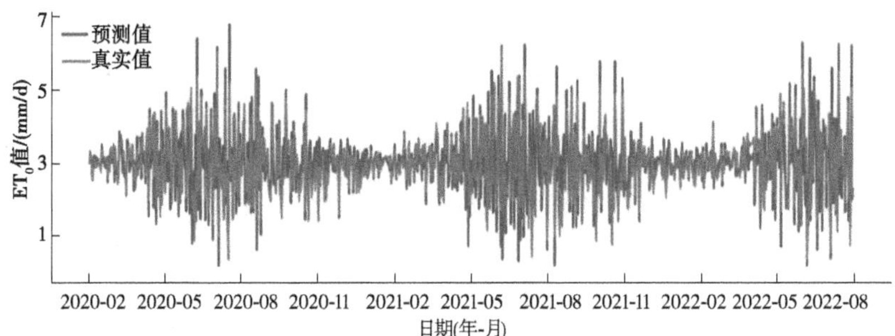

图 5-4　ARIMA 模型 ET_0 预测值与真实值比较

第三节　Prophet 模型和 ARIMA 模型 ET_0 预测精度比较

根据评价指标,对比 Prophet 和 ARIMA 两个时间序列模型 ET_0 拟合及预测效果,其结果如表 5-2 所示。由表 5-2 可知,在拟合效果上,ARIMA 模型的 MAE、RMSE、MBE 分别为 0.743 mm/d、0.862 mm/d、0.643 mm/d,较 Prophet 模型分别降低 9.9%、5.1%和 5.4%;在预测效果上,ARIMA 模型的 MAE、RMSE、MBE 分别为 1.475 mm/d、1.132 mm/d、0.868 mm/d,较 Prophet 模型分别降低 7.6%、10.4%和 8.7%。同时,ARIMA 模型的预测值较真实值的 r 值增加了 10%,表明 ARIMA 模型拟合效果最好。

表 5-2　Prophet 模型和 ARIMA 模型 ET_0 拟合与预测对比

模型	拟合				预测			
	MAE/(mm/d)	RMSE/(mm/d)	MBE/(mm/d)	r	MAE/(mm/d)	RMSE/(mm/d)	MBE/(mm/d)	r
Prophet	0.825	0.908	0.680	0.777	1.596	1.263	0.951	0.812
ARIMA	0.743	0.862	0.643	0.799	1.475	1.132	0.868	0.891

表 5-3 展示了 Prophet 模型和 ARIMA 模型 ET_0 真实值和预测值的

结果。由表 5-3 可知：

(1)预测 1~7 d 的 ET_0 数据中，Prophet 模型和 ARIMA 模型在 1~7 d 的总体预测精度较高，但对个别 ET_0 波动值的预测存在偏差。

(2)ET_0 预测第 5 天的误差较大，表明 Prophet 模型和 ARIMA 模型均不能很好地识别出 ET_0 时间序列中的不平稳与波动性的特征。

表 5-3　Prophet 模型和 ARIMA 模型 ET_0 真实值和预测值的结果

单位：mm/d

日期(年-月-日)	Prophet 模型预测值	ARIMA 模型预测值	真实值
2022-07-01	6.017	5.716	5.911
2022-07-02	6.102	5.980	6.125
2022-07-03	3.991	3.119	3.746
2022-07-04	6.073	6.197	5.424
2022-07-05	6.094	6.244	3.996
2022-07-06	6.012	6.276	5.474
2022-07-07	5.966	6.299	6.964

第六章

XGBoost 模型和 CatBoost 模型在 ET_0 预测中的应用

近年来,人工智能(AI)方法已成功用于估计各种作物的 ET_c(作物耗水量)。有学者使用人工神经网络(ANN)和自适应神经模糊推理系统(ANFIS)预测了冬小麦作物需水量。人工神经网络、神经网络-遗传算法(NNGA)、多元非线性回归(MNLR)、ANFIS、支持向量机(SVM)、K 近邻(KNN)和 AdaBoost 等模型也被用来预测玉米、花生、马铃薯等作物的蒸散量。此外,有学者使用极限学习机(ELM)、广义神经回归(GRNN)、模糊遗传(FG)、随机森林(RF)、深度神经网络(DNN)和时间卷积神经网络(CNN)来预测冬小麦和夏玉米作物的 K_c 和 ET_c 值。然而,这些研究均需要大量的气象要素去支撑,没有考虑不少地区气象要素缺乏的事实。深度学习模型在处理复杂非线性关系方面非常有效,它可以提高模型利用有限的气象数据进行 ET_0 准确预测的能力。类似 DNN 的深度神经网络模型在 ET_0 预测相关研究中显示了优异的预测性能。

最近,XGBoost 模型和 CatBoost 模型展现出了强大的机器学习能力。与目前大多数机器学习模型不同,XGBoost 模型和 CatBoost 模型只需要较少的数据准备,通过提取有效的数据特征弥补数据缺失的缺陷,从而为 ET_0 预测提供更好的性能。因此,本章旨在利用有限的气象数据结合 XGBoost 模型和 CatBoost 模型分析 ET_0 的时间分布,预测其未来的变化。深度神经网络模型比传统的浅层神经网络模型和用于作物蒸散预测的统计预测模型提供了更高的学习和建模能力。这是因为深度神经网络模型的深层结构分析了输入数据的隐藏特征,并对它们之间存在的复杂非线性关系进行了建模，从而实现精准预测。

第一节 输入参数对模型预测的影响

首先，进行输入参数重要性分析。这主要是通过分析输入参数对 ET_0 预测的影响来实现的，结果如图 6-1 所示。

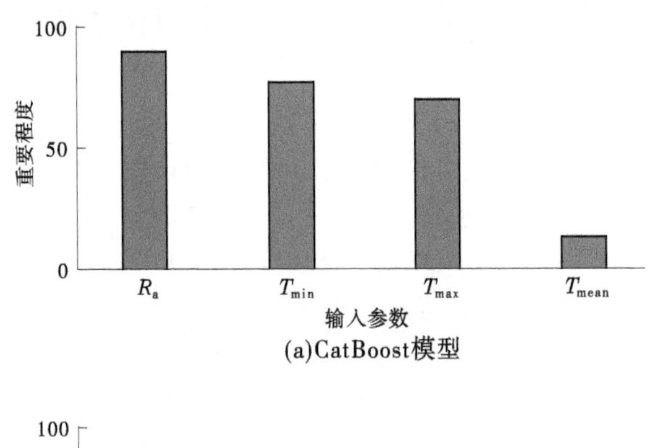

(a)CatBoost模型

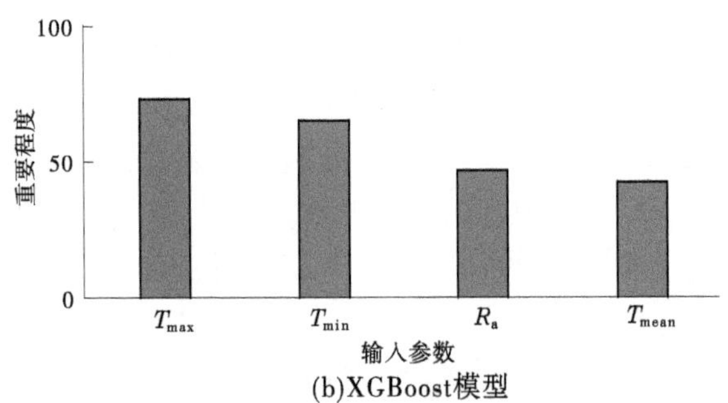

(b)XGBoost模型

图 6-1 CatBoost 模型和 XGBoost 模型输入参数的重要程度

由图 6-1 可知，对于 CatBoost 模型，输入参数重要程度为 $R_a>T_{min}>T_{max}>T_{mean}$。对于 XGBoost 模型而言，输入参数重要程度为 $T_{max}>T_{min}>R_a>T_{mean}$。

利用上述数据和评价指标，将其代入 XGBoost 模型和 CatBoost 模

型中，并进行对比，结果如表 6-1 所示。

表 6-1　XGBoost 模型和 CatBoost 模型预测 ET_0 的评价指标分析

模型	训练阶段				预测阶段			
	r	RMSE/(mm/d)	MBE/(mm/d)	MAE/(mm/d)	*r*	RMSE/(mm/d)	MBE/(mm/d)	MAE/(mm/d)
XGBoost	0.977	0.083	-0.000 3	0.062 2	0.431	0.230 2	-0.094	0.181
CatBoost	0.991	0.035	0.000 1	0.026 8	0.219	0.281 1	-0.105	0.226

由表 6-1 可知，在训练阶段，CatBoost 模型的 RMSE、MBE、MAE 分别为 0.035 mm/d、0.000 1 mm/d、0.026 8 mm/d，预测精度优于 XGBoost 模型。在预测阶段，XGBoost 模型 RMSE、MAE 和 MBE 较 CatBoost 模型有所降低。从 *r* 来看，XGBoost 模型预测 ET_0 与真实值的相关系数提高了 96%，表明 XGBoost 模型在预测阶段的精度比 CatBoost 模型的高。

第二节　XGBoost 模型和 CatBoost 模型预测精度比较

利用第二代月动力延伸预测模型产品提供的 1～56 d 数值天气预报数据，通过比较不同预报天数的 ET_0 预报精度，得出无论是 XGBoost 还是 CatBoost 模型，训练阶段的误差相比验证期的误差要小得多，原因可能是验证期数据中 2020 年和 2021 年数据波动性较小。本书通过代入 1～5 d、1～10 d 和 1～56 d 验证集数据，比较 XGBoost 模型和 CatBoost 模型在不同预报天数的精度，结果如表 6-2 所示。由表 6-2 可知，无论哪种模型，随着气象数据预测天数的增加，预测性能均变差。不同预报天数的验证集下，1～5 d 的预测效果和 1～10 d 的预测效果差距不大，但 1～56 d 的预测评价指标的 RMSE、MAE 显著增大，*r* 明显下降，预测效果较 1～10 d 的显著降低。

表 6-2　不同预报天数下 XGBoost 模型和 CatBoost 模型预测精度表现

模型	预报天数/d	评价指标			
		r	RMSE/(mm/d)	MBE/(mm/d)	MAE/(mm/d)
XGBoost	1~5	0.72	0.118	−0.114	0.114
	1~10	0.74	0.126	−0.080	0.113
	1~56	0.43	0.230	−0.094	0.181
CatBoost	1~5	0.62	0.190	−0.181	0.183
	1~10	0.55	0.176	−0.112	0.153
	1~56	0.21	0.281	−0.105	0.226

表 6-3 展示了 XGBoost 模型和 CatBoost 模型 ET_0 真实值和预测值(1~10 d)的结果。由表 6-3 可知,预测 1~10 d 的 ET_0 数据时,XGBoost 模型 1~10 d 的总体预测精度优于 CatBoost 模型。与 Prophet 模型和 ARIMA 模型相比较,XGBoost 模型较好地处理了 ET_0 波动值。XGBoost 模型 1~10 d 的 ET_0 值总体处于可接受范围内,实现了有限气象要素的前提下提高 ET_0 预测精度的预期,可进一步用于预测作物耗水量和灌溉量。

表 6-3　XGBoost 模型和 CatBoost 模型预测结果对比

单位:mm/d

日期(年-月-日)	ET_0 真实值	ET_0 预测值	
		XGBoost 模型	CatBoost 模型
2022-03-01	1.88	1.76	1.81
2022-03-02	1.85	1.77	1.65
2022-03-03	1.89	1.77	1.69
2022-03-04	1.86	1.78	1.61
2022-03-05	1.94	1.76	1.76
2022-03-06	1.79	1.77	1.78

续表 6-3

日期（年-月-日）	ET_0 真实值	ET_0 预测值	
		XGBoost 模型	CatBoost 模型
2022-03-07	1.87	1.74	1.75
2022-03-08	1.82	1.78	1.81
2022-03-09	1.96	1.75	1.70
2022-03-10	1.74	1.90	1.95

图 6-2 展示了 XGBoost 模型在训练集、测试集和验证集 ET_0 真实值与预测值的相关性。由图 6-2 可知，XGBoost 模型预测 ET_0 数据与真实值的相关系数在训练集、测试集和验证集中分别达到了 0.987 48、0.968 和 0.985 3，其中 XGBoost 模型总体相关系数达到 0.985 01。这表明，XGBoost 模型在模拟 ET_0 值时与真实观测值具有极显著的相关性，模型总体 ET_0 预测值与真实值非常接近。

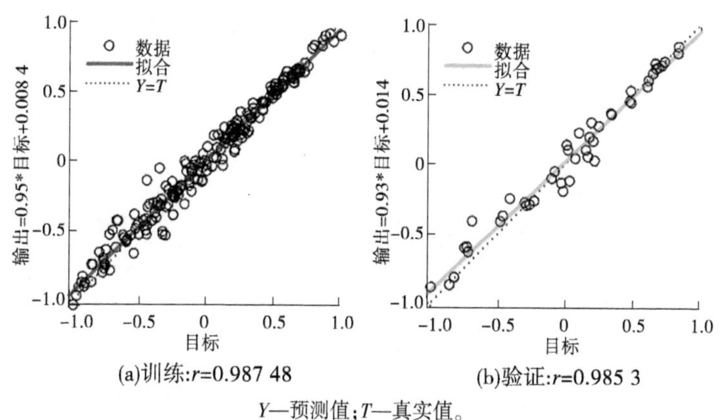

Y—预测值；*T*—真实值。

图 6-2　XGBoost 模型在训练集、测试集和验证集 ET_0 真实值与预测值的相关性

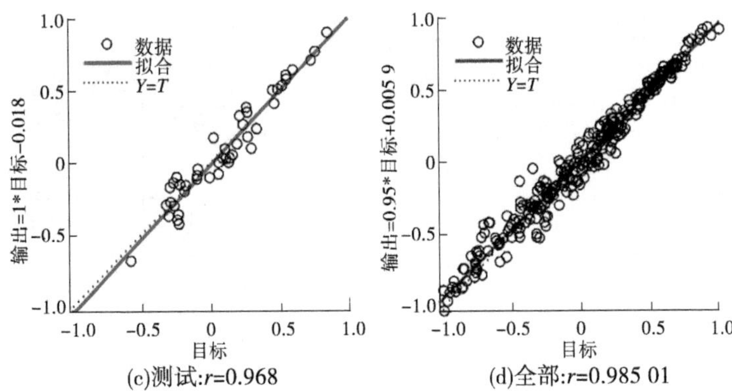

续图 6-2

第七章

基于信息熵的混合模型在 ET_0 预测中的应用

高效灌溉是保证作物产量的最有效方法。目前,全球水资源短缺,发展高效节水灌溉至关重要。准确预测 ET_0 是发展高效节水灌溉技术的基础,将大大提高灌溉效率、节约灌溉用水。多项研究表明,混合预测模型的 ET_0 预测性能优于单一模型。例如,在土耳其,研究者基于自回归移动平均模型和广义神经网络构建了 ET_0 预测的混合模型。结果表明,该混合模型有效地提高了 ET_0 的预测精度。在巴西,有学者基于支持向量机和人工神经网络模型建立了 ET_0 预测的混合模型。结果表明,混合模型具有较高的 ET_0 预测准确性。

本书选择了四个单一模型,分别是支持向量机回归(SVR)模型、贝叶斯线性回归模型、岭回归模型和 Lasso 回归模型。使用基于权重分配的方法来组成混合模型,从而提高模型的准确性。根据气象数据的特点、历史数据的有效性和模型预测权重的变化,本书提出一种基于信息熵和方差倒数的权重组合预测模型,对两种算法的混合 ET_0 预测模型的预测性能进行了比较。截至目前,如何确定混合模型中每个单个模型的权重是一项具有挑战性的任务。在 ET_0 预测中,基于不同权重分解方法的权重分配研究仍然缺乏。本书假设,与单一预测模型相比,混合模型能够实现更准确的 ET_0 预测值。本章的目的是得出最优的权重分解方法来确定最准确的混合预测模型。

第一节　单一线性模型和 SVR 模型的预测精度

为了验证所提出的混合模型的准确性，本书以华北平原新乡 2022 年 1 月的 1～10 d 预测数据为测试集，验证混合模型的精准性。四个单一模型，包括支持向量机回归（SVR）模型、贝叶斯线性回归模型、岭回归模型和 Lasso 回归模型，显示出良好的线性拟合能力（见图 7-1）。2022 年 1～3 月，所有单一模型预测的 ET_0 趋势与实际 ET_0 变化较为相似。在华北平原温带季风气候中，ET_0 的预测值一般在 0.41～4.12 mm/d。SVR 模型预测的 ET_0 平均峰值为 3.84 mm/d，与实际观测值相比下降了 10.2%。类似地，贝叶斯线性回归模型、岭回归模型和 Lasso 回归模型的平均峰值分别为 3.91 mm/d、3.36 mm/d 和 3.02 mm/d，较真实值下降了 6.8%～11.2%。

然而，四个单一模型的谷值比实际 ET_0 值高 4.8%～12.4%。所有单一模型预测的 ET_0 范围较实际 ET_0 范围更小。预测的 ET_0 平均值为 1.89 mm/d，与实际平均 ET_0 值较相似。在之前的研究中，Piotrowski 等（2022）发现 SVR 模型比线性回归模型具有更高的预测精度。此外，在这些线性回归模型中，贝叶斯线性回归模型比其他两个线性模型具有更高的精度。原因可能在于，通过建立回报函数，贝叶斯线性回归模型能够生成最优迭代算法来获得期望的预测值。在本书中，SVR 模型和贝叶斯线性回归模型的 RMSE 值在 0.015～0.016 mm/d 范围内，其 r 值均大于或等于 0.78，显示出更好的预测性能（见表 7-1）。因此，这两个模型被赋予了更高的权重。基于每个模型的预测精度表现，本书得出 SVR 模型的权重最高，为 0.299；其次是贝叶斯线性回归模型，权重为 0.274；Lasso 回归模型次之，为 0.224；岭回归模型的最小，为 0.203。

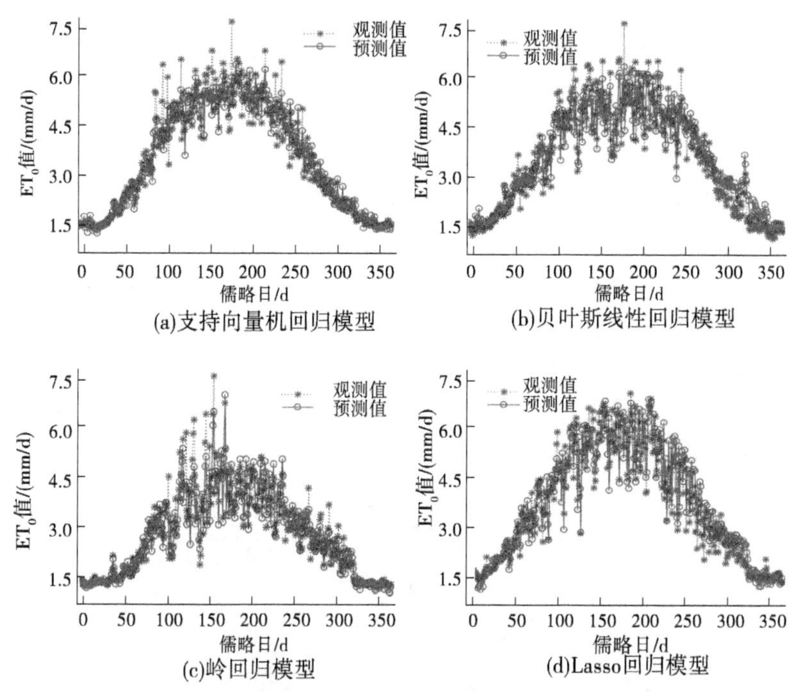

(a)支持向量机回归模型

(b)贝叶斯线性回归模型

(c)岭回归模型

(d)Lasso回归模型

图 7-1 2022 年验证集四个单一模型预测的 ET_0 值与实际 ET_0 值的比较

表 7-1 单一预测模型的 ET_0 预测准确性评估

单一模型	r		RMSE/(mm/d)		权重分配
	训练集	测试集	训练集	测试集	
支持向量机回归	0.82 a	0.78 ab	0.015 b	0.016 b	0.299 a
贝叶斯线性回归	0.81 ab	0.80 a	0.015 b	0.016 b	0.274 a
岭回归	0.75 c	0.71 c	0.021 a	0.023 a	0.203 c
Lasso 回归	0.79 b	0.75 b	0.019 a	0.018 b	0.224 b

第二节　混合模型的预测精度

在本书中，基于 SVR 模型、贝叶斯线性回归模型、岭回归模型和 Lasso 回归模型建立了混合预测模型（见图 7-2）。先前的结果表明，混合模型很好地利用了每个单一模型的信息，有效地提高了混合模型的预测精度。本书采用方差倒数和信息熵加权方法构建混合模型。四个单一预测模型根据其分配的权重被分配到混合预测模型中。结果表明，综合考虑各单一模型的优点，基于方差倒数和信息熵方法构建的混合预测模型均显著提高了 ET_0 预测精度。模型验证结果表明，混合模型对华北平原日 ET_0 动态的预测更为准确。

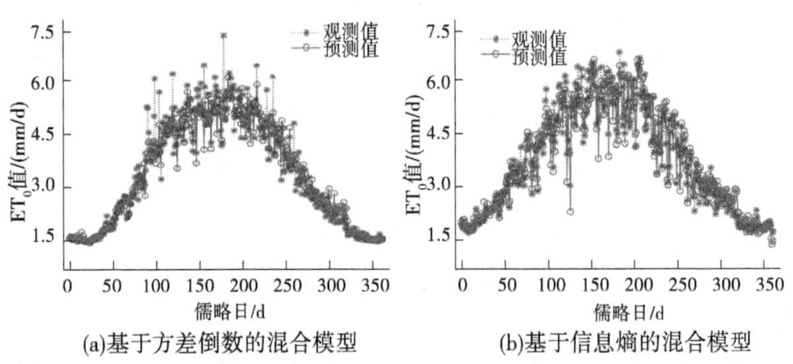

图 7-2　2022 年验证集基于方差倒数和信息熵的混合模型的 ET_0 预测结果

本书比较了混合模型和单一模型的 ET_0 预测值与真实值的相关系数和均方根误差（见表 7-2）。基于信息熵的混合模型在训练测试中的 r 值最高，为 0.89；RMSE 最低，为 0.013 8 mm/d。结果验证了混合模型在提高 ET_0 预测性能方面的有效性。与基于方差倒数的混合模型相比，基于信息熵的混合模型进一步提高了 ET_0 的预测精度。基于信息熵的混合模型在 ET_0 短期预测中比其他单一模型和基于方差倒数的混合模型具有明显的优越性。基于方差倒数的混合模型 ET_0 预测精度较低的原因可能是，该模型不能保证混合预测模型在每个时间节点的精

度,单个异常时刻的误差将传递到整个混合模型的预测值中。

表 7-2　基于信息熵和方差倒数的混合预测模型的预测准确性评估

模型	*r*		RMSE/(mm/d)	
	训练集	测试集	训练集	测试集
基于信息熵的混合模型	0.89 a	0.86 a	0.013 8 c	0.014 6 b
基于方差倒数的混合模型	0.83 b	0.80 b	0.016 3 b	0.017 5 a
四个单一模型的平均值	0.79 c	0.76 c	0.017 5 a	0.018 3 a

第三节　单一模型与混合模型预测精度比较

为了验证预测模型的准确性,将单一模型和混合模型进一步应用于 2022 年 1 月 2~11 日 1~10 d 日 ET_0 趋势独立数据集的预测(见表 7-3)。SVR 模型和贝叶斯线性回归模型的预测性能在 1~5 d 的 ET_0 预测中与岭回归模型和 Lasso 回归模型没有差异,但在 5~10 d 的 ET_0 预测中明显更好。在 1~10 d 的 ET_0 预测中,基于方差倒数的混合模型的平均绝对百分比误差为 12.7%,较单一模型平均绝对百分比误差减少了 55%。基于信息熵混合模型的平均绝对百分比误差为 9.5%,与基于方差倒数的混合模型相比降低了 25%。结果表明,基于方差倒数的混合模型的预测精度低于基于信息熵的混合模型的预测模型。因此,基于信息熵的混合模型是预测华北平原 ET_0 最有效的混合模型。

表 7-3　2022 年单一模型和混合模型在 1～10 d 预报周期内的 ET_0 预测精度评估

预报天数/d	1	2	3	4	5	6	7	8	9	10
	实测值/(mm/d)									
FAO-56 PM 模型	2.61	1.35	0.26	1.28	0.63	2.85	3.13	3.61	2.37	2.49
	预测值/(mm/d)									
支持向量机回归模型	2.21	1.04	0.50	1.33	1.02	2.49	3.30	3.83	2.68	2.70
贝叶斯线性回归模型	2.21	1.50	0.68	1.67	1.18	2.87	3.78	3.27	2.67	2.99
岭回归模型	2.44	1.42	0.25	1.65	1.57	2.75	3.40	3.68	2.98	2.56
Lasso 回归模型	2.61	1.49	0.46	1.83	1.46	2.81	2.60	3.14	2.33	2.63
基于方差倒数的混合模型	2.55	1.31	0.29	1.15	0.52	2.52	2.87	2.76	2.01	1.89
基于信息熵的混合模型	2.58	1.29	0.20	1.24	0.64	2.66	2.90	3.23	2.73	1.94
	平均绝对百分比误差/%									
支持向量机回归模型	15.3	23.0	92.3	3.9	61.9	12.6	5.4	6.1	13.1	8.4
贝叶斯线性回归模型	15.3	11.1	161.5	30.5	87.3	0.7	20.8	9.4	12.7	20.1
岭回归模型	6.5	5.2	3.8	28.9	149.2	3.5	8.6	1.9	25.7	2.8
Lasso 回归模型	0	10.4	76.9	43.0	131.7	1.4	16.9	13.0	1.7	5.6
基于方差倒数的混合模型	2.3	3.0	11.5	10.2	17.5	11.6	8.3	23.5	15.2	24.1
基于信息熵的混合模型	1.1	4.4	23.1	3.1	1.6	6.7	7.3	10.5	15.2	22.1

第八章

数值天气预报在灌溉预报中的应用

黄淮海平原是中国最重要的粮食产区。该地区面临着水资源不足、工农业用水竞争激烈等严重的资源制约问题，同时是中国地下水严重超采和地下水漏斗最严重的区域。发展高效节水灌溉技术和基于数值天气预报的精准灌溉决策对确保黄淮海平原的农业供水和粮食安全都非常重要。本书研究使用了反向传播神经网络模型、时间序列模型、极限梯度提升树模型、信息熵混合模型等不同预测模型，发现遗传算法优化后的 BP 神经网络模型、ARIMA 模型、XGBoost 模型均具有处理因变量和自变量之间非线性关系的卓越能力，通过利用数值天气预报数据对比，验证了上述模型在中长期 ET_0 预报中的准确性。本章将阐述数值天气预报产品在黄淮海夏玉米灌溉预报中的应用。

实时灌溉预报是指以田间水分状况、作物蒸发蒸腾量、地下水动态和最新预测信息（如短期天气预报、作物生长趋势等）为基础，借助灌溉预报程序，确定在本周或本旬内作物需要的灌水日期和灌水量的一种短期实时预报方法。2023 年中国农业科学院农田灌溉研究所作物高效用水研究中心与国家气象信息中心合作，基于国家气象信息中心提供的未来一周数值天气预报值，结合站点土壤含水量监测结果，综合考虑了黄淮海地区区域土壤类型分布、作物生育进程等基础资料，目前已经完成 11 期冬小麦种植区土壤墒情及灌溉预报周报，充分体现了数值天气预报在实际灌溉预报中的应用，并引起了较好的反响。2023 年 7 月 3 日，研究团队开始对未来一周黄淮海夏玉米种植区的土壤墒情分布状况、变化趋势及灌溉需求进行预测分析，目前已通过中国农业科学院农田灌溉研究所微信公众号发布 2 期黄淮海地区夏玉米灌溉需求周报,供各地实施田间水分管理时参考使用。

第一节　黄淮海地区土壤含水量分布状况

图 8-1 显示的是 2023 年 7 月 4 日根据监测数据绘制的黄淮海夏玉米种植区 0~40 cm 土壤体积含水量平均值的区域分布状况和土壤相对含水量分布情况。由图 8-1 可知,黄淮海地区黄河以南区域土壤相对含水量在 65%以上,北京、天津、河北中部、河南东北部、山东西部的部分地区土壤相对含水量在 55%~65%。山东德州、聊城南部、菏泽北部,河北石家庄北部和西部、保定西部和南部等地区的土壤相对含水量小于 55%。

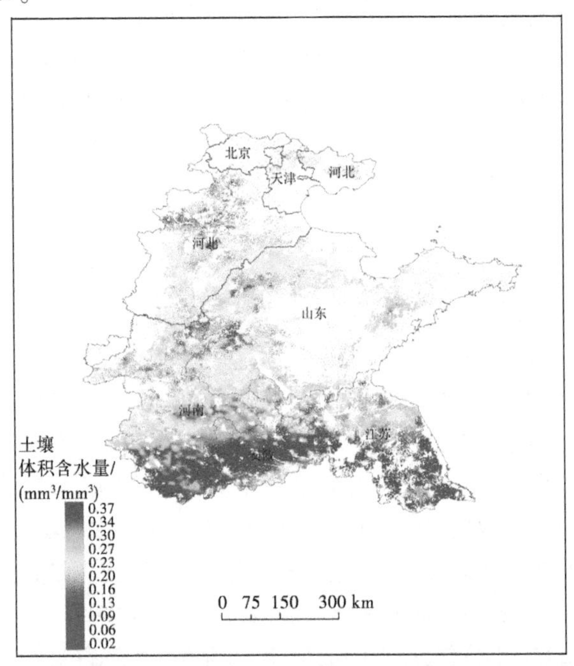

(a)黄淮海地区夏玉米种植区土壤体积含水量(0~40 cm土层)

图 8-1　黄淮海地区夏玉米种植区 0~40 cm 土壤体积含水量和相对含水量分布

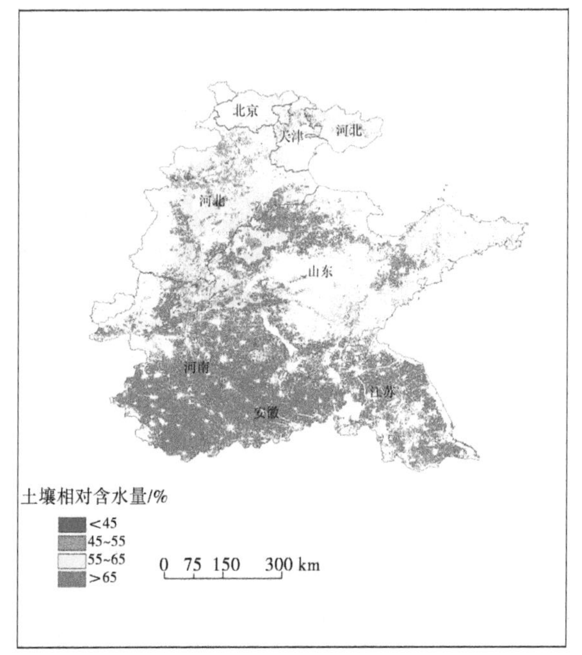

(b)黄淮海地区夏玉米种植区土壤相对含水量预测(0~40 cm土层)

续图 8-1

第二节 黄淮海地区土壤相对含水量预测

图 8-2 所示为未来 1~6 d(2023 年 7 月 5~10 日)黄淮海地区夏玉米种植区土壤相对含水量的变化趋势预测结果。由图 8-2 可知,未来一周黄淮海地区黄河以南地区土壤墒情适宜,河南北部、山东西部和河北大部分地区土壤墒情处于轻度至中度缺水状况,在本周后半阶段河南北部、山东西部及河北中部和北部地区土壤墒情处于中度至重度缺水状况,应当及时进行灌溉,灌溉适宜湿润层为 0~60 cm。预测时段黄淮海南部地区夏玉米正处于拔节阶段,如河南南部、安徽、江苏淮河以

北等地区；黄淮海中部和北部地区夏玉米处于苗期阶段，如河北南部、河南北部、山东、北京、天津、河北中北部等地区。黄淮海南部地区处于拔节期的夏玉米区要关注天气信息，结合实际情况决策灌水和追肥措施，追肥以尿素每亩施 20~30 kg 为宜。黄淮海北部地区要警惕本周后期高温加剧玉米旱情发展，及时准备进行应急性抗旱，避免发生较为严重的干旱而影响玉米前期生长；另外黄淮海南部地区要警惕在拔节后期土壤墒情过大，遇大风雷雨天气玉米发生倒伏。

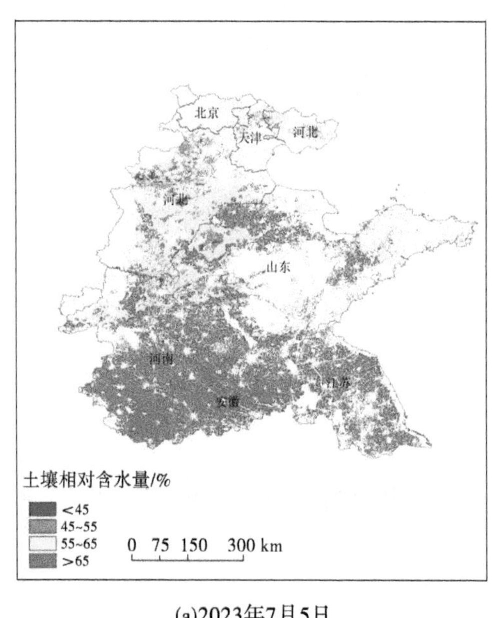

(a)2023年7月5日

图 8-2　黄淮海地区夏玉米种植区未来 1~6 d 土壤相对含水量变化趋势

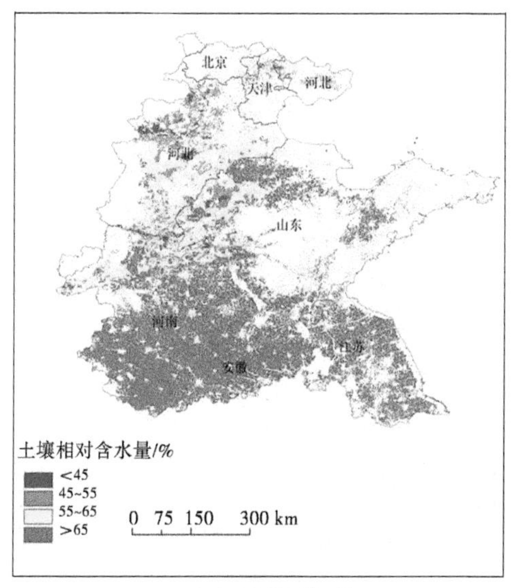

(b)2023年7月6日

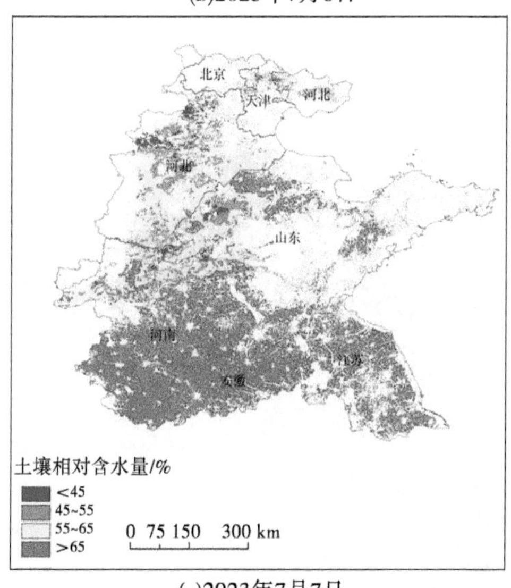

(c)2023年7月7日

续图 8-2

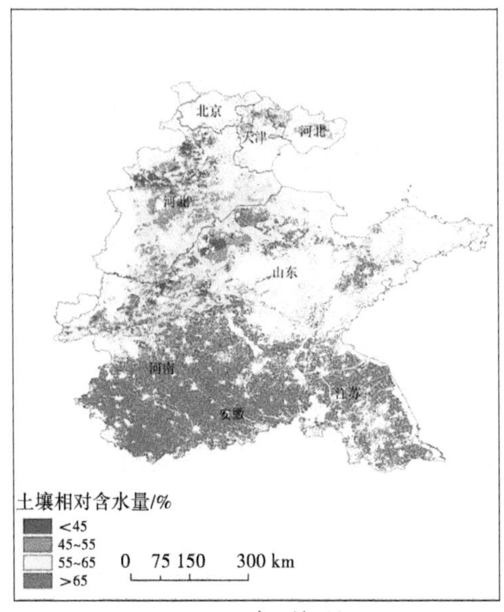

(d)2023年7月8日

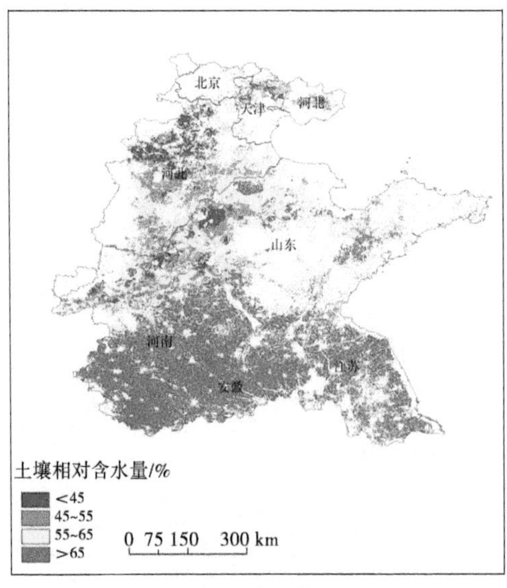

(e)2023年7月9日

续图 8-2

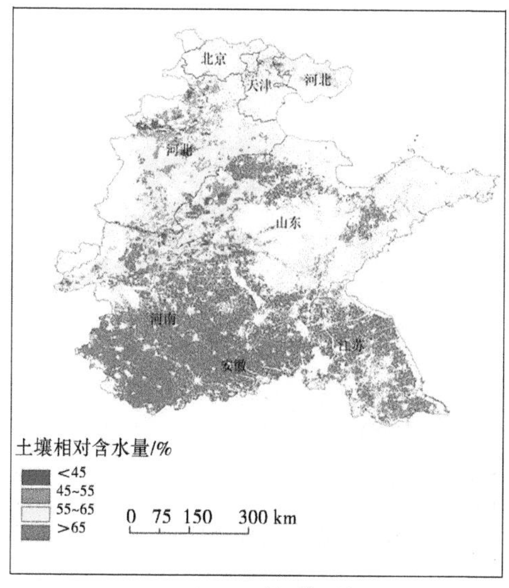

(b)2023年7月6日

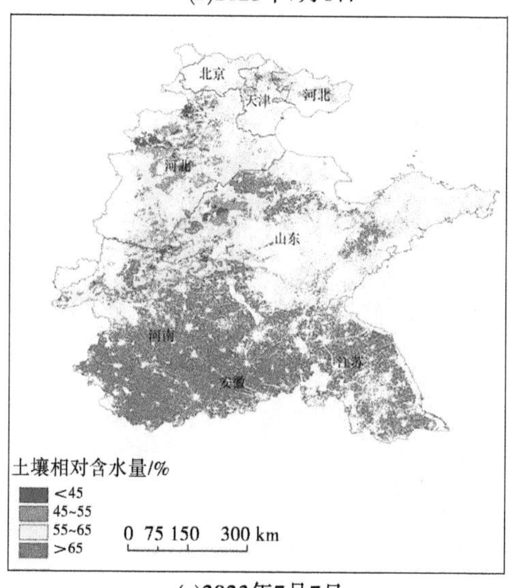

(c)2023年7月7日

续图 8-2

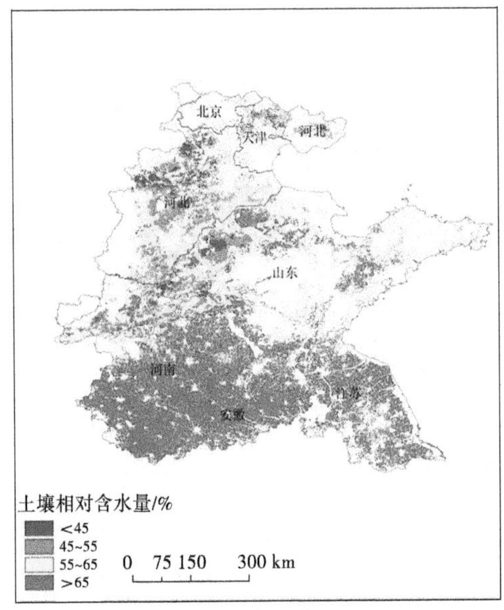

(d)2023年7月8日

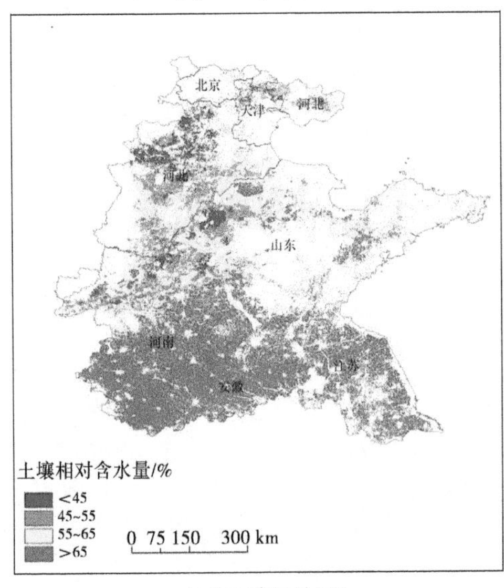

(e)2023年7月9日

续图 8-2

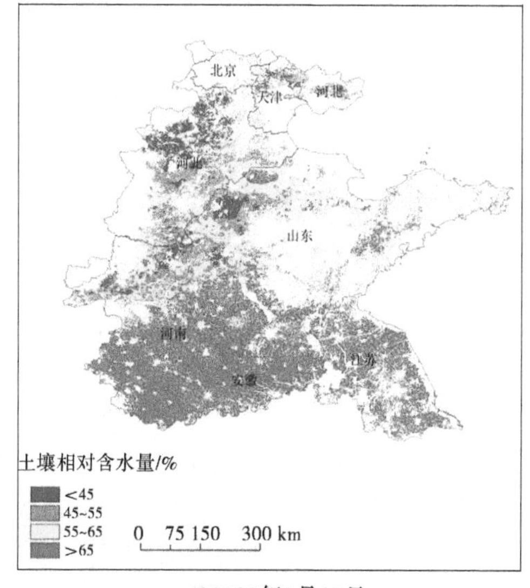

(f)2023年7月10日

续图 8-2

第三节　黄淮海地区 1~7 d 灌溉时间及灌溉量预测

黄淮海地区土壤相对含水量≥65%的区域,表示土壤墒情良好,暂不考虑灌溉;黄淮海地区土壤相对含水量为 55%~65%的区域,表示土壤轻度缺水,参考其他情况确定是否灌溉;黄淮海地区土壤相对含水量为 45%~55%的区域,表示土壤中度缺水,需要尽快灌溉;黄淮海地区土壤相对含水量<45%的区域,表示严重缺水,亟须灌溉。

确定夏玉米田适宜的灌水定额,需要充分考虑灌溉方式的影响,主要包括以下几个方面:一是要能够把水分尽可能均匀地灌至整个田块,并减少灌溉过程中的地面径流和深层渗漏损失,使有限灌溉水源得到高效利用;二是要与作物生长需求密切结合,在满足作物生长需求的条件下,尽可能地减少灌溉设备的运行作业次数;三是要充分考虑天然降水的补水作用,使降水与灌水良好结合,提高田间水分利用效率;四是

要考虑施肥、防湿热、防病虫害等工作的需要，实现灌溉与施肥、施药、防灾的有机结合。

充分考虑这些因素后，不同灌溉方式的每亩建议灌水定额如下：

(1)渠系输水地面大畦灌溉：60～90 m^3；

(2)机井提水地面小畦灌溉：40～50 m^3；

(3)喷灌(包括大型喷灌机组和其他喷灌形式)：30～40 m^3；

(4)微灌(包括滴灌、微喷灌、微喷带灌等)：25～30 m^3；

(5)特殊灌溉(配合施肥、施药、防灾等)：5～10 m^3。

玉米生长前期及后期，灌溉时间可适当延迟，决策指标宜取下限；玉米抽穗吐丝期和灌浆前期是需水关键期和次关键期，要适时进行灌溉，防止干旱造成玉米减产，决策指标宜取上限。另外，要充分考虑拟灌溉区域的苗情状况，特别是玉米拔节后的灌溉，旺苗和一类苗可适当推迟灌溉，适当蹲苗，弱苗则要适当提前灌溉，并配合追肥。

水资源较为丰富的区域，田间出现轻度缺水时应及时安排灌水，灌水量取推荐区间的上限值。水资源较为紧缺的区域，可考虑轻度缺水3～5 d后再适时灌溉，灌水量取推荐区间的下限值。

灌溉工程配置标准高、水源有充分保证、可在短时间内(3～5 d)使全部玉米田都得到灌溉的区域，可在田间表现明显缺水时再适时启动灌溉系统进行灌溉；对于灌溉工程配置标准较低、水源无法充分保障的区域，一般需要实施区域轮灌(·个区域一个区域轮流供水灌溉)，灌完整个区域可能需要较长的时间(7～10 d，或更多)，这时就需要进行科学安排，使1/3左右的区域在出现轻度缺水前得到灌溉，1/3左右的玉米田适时进行灌溉，1/3左右的玉米田推后灌溉，接受一定程度的干旱胁迫。

参考文献

[1] 董力,刘艳玲. 岭回归在我国工程保险需求影响因素分析中的应用[J]. 西安电子科技大学学报(社会科学版), 2013, 23(2):34-41.

[2] 杨秀丽,权晓超. 基于岭回归的黑龙江省农村居民收入影响因素分析[J]. 统计与咨询, 2015, 16(4):24-26.

[3] 李翼,张本慧,郭宇燕. 改进粒子群算法优化下的 Lasso-Lssvm 预测模型[J]. 统计与决策, 2021, 37(13):45-49.

[4] 杨斌. 正态性检验的几种方法比较[J]. 统计与决策, 2015, 26(14):72-74.

[5] 崔远来,马承新,沈细中,等. 基于进化神经网络的参考作物腾发量预测[J]. 水科学进展, 2005,16(1):76-81.

[6] 李远华. 实时灌溉预报的方法及应用[J]. 水利学报, 1994, 26(2):46-51.

[7] 王本德,朱永英,张改红,等. 应用中央气象台 24 h 降雨预报的可行性分析[J]. 水文, 2005, 25(3):30-34.

[8] 蔡甲冰,刘钰,雷廷武,等. 根据天气预报估算参照腾发量[J]. 农业工程学报, 2005, 21(11): 11-15.

[9] 罗玉峰,崔远来,蔡学良. 参考作物腾发量预报的傅立叶级数模型[J]. 武汉大学学报(工学版), 2005, 38(6):45-47.

[10] 蒋任飞,阮本清,韩宇平,等. 基于 BP 神经网络的参照腾发量预测模型[J]. 中国水利水电科学研究院学报, 2005, 3(4):308-311.

[11] 江显群,陈武奋,邵金龙. 基于公共天气预报的参考作物腾发量预报[J]. 排灌机械工程学报, 2019, 37(12): 1077-1081.

[12] 白依文,鲁梦格,程浩楠,等. 基于天气预报信息的参考作物需水量预报研究[J]. 中国农村水利水电, 2021(10):175-179.

[13] 谭鑫,罗童元,谢亨旺,等. 基于气温预报的江西省参考作物腾发量预报方法比较与分析[J]. 中国农村水利水电, 2022, 18 (4):150-155.

[14] 赵家慧. 郑州市参考作物需水量时间演变分析[J]. 黑龙江水利科技, 2022, 50(9):203-206.

[15] 罗童元,郑雷,谭鑫,等. 江西省水稻需水量预报与网络发布系统开发[J] . 中国农村水利水电, 2023, 25(2):154-159.